KB267396

타임아웃 육아법

*File dans ta chambre !*

# 타임아웃 육아법

스스로 통제할 줄 아는
아이로 키우는 자녀교육 솔루션

카롤린 골드만 지음 | 권진희 옮김

SIDEWAYS

속에서 여전히 탁탁 불꽃이 튀고 있는
'무쇠 냄비'를 가진 나의 네 아이들에게.

간혹 자신이 가진 힘을 미처 깨닫지 못하는
세상의 모든 '아빠 기린'에게 바칩니다.

## 2장 · 타임아웃 솔루션, 어떻게 활용할 것인가

## 타임아웃 솔루션 실천 가이드

2006년 유럽평의회(Council of Europe)는 '애정'과 '설명'뿐 아니라 '교육적 한계'라는 개념을 소개하면서 '긍정적 양육(positive parenting)'을 완벽하게 정의한 바 있다. 그 내용을 발췌하자면 다음과 같다. "부모가 (…) 아이의 잘못된 행동을 엄하게 벌하는 것보다는 왜 그것이 잘못된 행동인지를 아이에게 설명해 주고, 필요하다면 아이를 '일시적으로 격리'하거나 잘못된 행동으로 발생한 상황을 수습하게 한다든지, 아이 용돈을 삭감하는 등의 비폭력적인 훈육을 할 때 아이는 잘 성장한다."

하지만 나와 동료 의사들은 권위 없는 부모로 인해 행동장애를 겪는 아이들이 진료실을 찾는 수가 폭발적으로 증가하는 상황을 벌써 10년 넘게 목격하고 있다. 부모들은 하나같이 이렇게 말한다. '긍정적 양육'에 관한 책을 당연히 여러 권 읽었고, 행여나 아이가 돌이킬 수 없는 심리적 영향을 받을까 두려워 아이를 꾸짖고 훈육하는 게 망설여진다고 말이다.

나는 미디어와 SNS에서 활발히 언급되는 이 책들을 읽은 것은 물론 그와 관련된 강연도 들어봤다. 그리고 결국 긍정적 양육을 프랑스에 소개한 이들은 아동심리학 분야의 전문성은 전혀 없는 이념론자들이며, 그 개념의 일부만을 소개함으로써 본래의 함의를 왜곡했다는 사실을 알게 되었다. 좀 더 자세히 말하자면, 이들은 아이에게 필요한 요소가 '애정'과 '설명'뿐이라는 점만 언급했다. 성격장애를 갖고, 기쁨을 상실하고, 부모에게 지원을 요청하는 일을 영원히 단념하는 등의 트라우마를 안겨줄 수 있다는 이유로 '교육적 한계'를 설정하는 일의 필요성은 철저히 무시한 채 말이다.

이 이념론자들은 부모와 자녀 간에 '이상적인' 양육, 즉 '공격성이 철저히 배제된' 양육이 가능하며 심지어 이롭기까지 하다고 설파하며 대중을 완전히 현혹했다. 이들은 일상생활에서 공격성을 없애는 데 실패한 부모의 죄책감을 해결한다는 명목하에, 심리학적 측면을 조잡하게 분석한 책과 비효율적인 코칭 방법론을 해결책으로 제시하며 상업적 이익만을 추구하는 제국을 건설했다. '이상적인' 양육을 맹목적으로 추종하는 부모들이 이들에게 부추겨지는 상황에서 교육이 실패하는 건 당연한 결과가 아니었을까.

나는 진료실을 찾는 환자들이 매일매일 그 이념적 틀에 총체

 타임아웃 육아법

적으로 '오염되는 것을 막는' 작업에 지쳐버렸다. 그리고 마침내 2019년, 미디어를 통해 허위 사실과 싸우기로 결심했다. 같은 해 나는 심리학자들을 대상으로 『교육적 한계 설정하기(Établir les limites éducatives)』라는 제목의 책을 출간했고, 2020년에는 일반 독자를 대상으로 한 같은 책의 초판을 발행했다.

지금 당신이 읽고 있는 이 책은 그로부터 3년 뒤인 2023년 4월 발간되었다. 그 3년 동안 진정한 유아교육 전문가들이 자신의 목소리를 내기 시작하면서 미디어 환경은 두 갈래로 은밀하게 나뉘었다.

한쪽에는 '잘못 번역된' 이 긍정적 양육을 옹호하는 프랑스 이념론자들이 있다. 이들은 교육적 한계에 대한 주제를 다루는 데 약간은 완화된 움직임을 보이긴 했으나(과거에는 교육적 한계를 맹렬히 비난했다면 지금은 그 필요성을 인정한다), 여전히 그 한계를 설정하고 구현하는 효과적인 방안을 적용하지는 않고 있다. 이를 끊임없이 교육적 폭력이라고 주장하며(Filliozat 외, 2022) '일시적 격리'를 의미하는 '타임아웃(time-out)'을 적용하는 일 또한 장려하지 않는다.

또 한편에는 그런 이념론자들이 모인 그룹이 내세우는 '신경과학적' 주장의 거짓된 본질에 관심을 보이는 학자들(Chetrit, 2021)이 일부 있다. 아동심리학 분야에서 활동하는 진정한 전문가들은 '절대적인 긍정 양육'이 초래하는 비극적인 결과에 관해 목소리를 낸 바 있으며, '타임아웃' 훈육에 대한 전폭적인 지지를 표하기도 했다

(Marcelli 외, 2022).

타임아웃 방법론은 사실 국제적인 차원에서 그 효과가 과학적으로 명백히 입증되었다. 타임아웃은 가족 간 폭력을 줄이는 데 지대한 영향을 미쳤고(Everett 외, 2010), 이는 심각한 병리적 상황에서도 효과가 있다는 게 밝혀졌다(Roach 외, 2022). 소아청소년 정신의학회(Academy of Child and Adolescent Psychiatry)는 타임아웃을 '효과적인 양육 전략'으로 부르며 권장한 바 있다. 미국 연방질병통제예방센터(Center for Disease Control, CDC)와 더불어 러셀 바클리(Russell Barkley)와 예일대 육아센터 원장인 앨런 카즈딘(Alan Kazdin) 교수도 유아 불안 치료법으로 타임아웃을 권장한다.

타임아웃을 제안하는 대표적인 프로그램으로는 '트리플 P(Triple P)'*가 있다. '트리플 P'는 30여 개국에 도입되어 평가되고 있는 프로그램으로, 세계보건기구(WHO)와 정부의 재정 지원을 받으면서 다양한 대학의 연구 대상이 되었다. 프랑스 정부 또한 프랑스 보건청(Santé Publique France)이 평가하는 '가족 및 양육 지원 프로그램(Programme de Soutien aux Familles et à la Parentalité, PSFP)'이라는 유사한 제도를 마련했다.

현재 프랑스에서는 이 분야의 발전이 다소 더디게 진행되고 있

---

*    'Positive Parenting Program'을 가리키는 말로 '긍정적 양육 프로그램'을 뜻한다. —옮긴이

           타임아웃 육아법

다. '생애 첫 1,000일 위원회(Commission des mille premiers jours)'는 2021년 '규칙을 반복적으로 언급하기', '아이의 주의를 다른 곳으로 돌리기', '안아달라고 하기' 등을 권고하고 있지만, 안타깝게도 '아이에게 한계 정해주기'를 위한 조언에서는 훈육을 일체 배제했다. 그나마 다행인 것은 2023년 3월 보리스 시뤼니크(Boris Cyrulnik)를 중심으로 '국가 교육 및 양육 전문가 위원회'가 구성되었다는 사실이다. 이 위원회는 왜곡된 형태로 활개 치고 있는, 이 '잘못 해석된' 긍정적 양육의 늪에 빠진 프랑스의 현 상황에서 아이들과 부모, 유아 교육 전문가와 교사들이 어려움을 극복할 수 있는 비폭력적이면서도, 현실적이고, 효과적인 해결책을 마련하고자 한다. 즉, '바람직하고 상식적인 교육관'을 추구하는 것을 목표로 하고 있다.

부모에게 효과 없는 방법론을 소개하고 그 방법론을 실패의 덫에 빠트리는 것만큼 아이가 폭력적인 길을 걷게 하는 일은 없다는 사실을 우리는 임상실험을 통해 배울 수 있다. 나는 1세부터 점진적인 방식으로 교육적 한계를 설정하는 데 있어 '타임아웃'이 최고의 대안이라고 생각하는데, 이는 궁극적으로 사실상의 교육적 폭력의 상당 부분을 근절할 수 있기 때문이다.

아무쪼록 이 책이 아이들과의 일상에서 타임아웃 육아법을 아주 구체적으로 적용하는 데 기여했으면 하는 바람이다.

우리 사회에서 인간의 공격성에 대한 묘사가 어떤 반응을 일으키는지 관찰하는 것은 늘 놀랍기만 하다. 예를 들어 온라인 뉴스 사회면에 사건, 사고 소식이 실리면 어김없이 달리는 댓글들은 세상이 점점 더 폭력적으로 진화하고 있다는 사실을 입증하는 듯하다.

하지만 역사학자들은 단연코 인류 역사를 통틀어 현재만큼 살기 좋은 때는 없었다고 주장한다(Ridley, 2010). 아무래도 우리 문명은 오늘날의 극도로 정교하고 까다로운 교육을 받기 전에 인간이 가지고 있던 원시적인 측면을 잊을 수 있도록 만든 것 같다. 적어도 서구 사회에서는 말이다.

그렇다면 작금에 엿볼 수 있는 폭력성은 현시대보다는 인간의 본성 자체와 더 연관이 있을 것이다. 아직 본인 소유도 아닌 영토를 모두 차지하려는 원초적인 열망으로 가득 차서, 충동적이고 공격적인 본능을 앞세우며 끊임없이 으르렁대는 유인원을 생각해 보라.

　의사였던 장 이타르(Jean Itard)는 야생의 숲에서 7년 동안 살다가 아베롱(Aveyron)*에서 발견된 빅토르를 이렇게 묘사했다(Itard, 1792). "그는 모든 종류의 도덕적 감정에 무감각했다. 그의 판단력은 오직 폭식을 위한 계산에 집중되었고, 그에게 쾌락이란 미각을 관장하는 신체 기관이 느끼는 기쁨일 뿐이었다. 그가 가진 지능이란 필요에 따른 몇 가지 생각만을 생성할 수 있는 것에 불과했다. (…) 한마디로 완전히 동물적인 삶이었다."

　이타르는 다음과 같은 결론에 도달했다. "1. 순수한 자연 상태에서 인간은 다수의 동물보다 열등하다. 그 무지와 야만의 상태에서 개인은 인간 종이 가지는 특정 능력을 박탈당한다. 그러므로 순수한 자연이란 인간이 지능이나 애정의 개입 없이 동물성의 기능에만 국한된 위태로운 삶을 비참하게 영위하는 상태라고 할 수 있다. 2. 인간의 보편적 특성으로 여겨지는 도덕적 우월성은 단지 문명의 결과물일 뿐이다."

　지그문트 프로이트는 "'살인하지 말라'는 율법은 우리들이 살인에 희열을 느끼는 살인자의 피가 흐르는 자손이며, 살인에 대한 인류의 희열은 지금까지도 계속 진행되고 있다는 확신을 준다."

---


* 　프랑스 남부에 위치한 지역이다. —옮긴이

라고 말한 바 있다. 정신분석학은 유아의 타고난 '폭력성'이 아주 오래전부터 존재했고, 이 폭력성이 '따뜻함'(전통적으로 엄마의 역할)과 '엄격함'(전통적으로 아빠의 역할)의 조화로 완화될 수 있다고 본다. 대다수의 심리학자도 이 충동적인 현실을 인정한다. "아이의 일탈 행동은 자연스러운 현상인데, 이는 아이가 점차 현실을 알게 되면서 아주 강력한 욕망들과 현실의 원칙 사이에 자리하는 한계를 배우게 되기 때문이다."(Pleux, 2006)

혹자는 아기가 10~12개월(조숙한 아이의 경우)이 되기 전에는 교육적 한계에 대한 문제를 다룰 필요가 없다고 생각할 수도 있다. 하지만 영유아를 양육해 본 사람이라면, 특히 걸음마 이후 손과 다리를 자유롭게 움직이는 것이 가능해지면서 아이의 충동성, 돌발성 행동이 얼마나 심해지는지를, 아이가 주변 환경을 적극적으로 탐색하는 과정에서 나타나는 반항심이 얼마나 강력한 영향을 초래하는지를 인정할 수밖에 없을 것이다(De Singly, 2007).

이때 어른들은 아이들의 에너지에 압도당하는 느낌을 받는데, 이 에너지는 종종 어른들에게 부정적인 이미지를 주기도 한다. 소크라테스는 기원전 5세기 즈음 이 주제로 일장 연설을 한 바 있다. "요즘 젊은이들은 사치를 즐기고 권위를 경멸하며 일은 안 하고 수다를 떠느라 바쁘다. 어른을 봐도 더 이상 일어나지 않는다. 부모에게 대들며, 사회에서는 거들먹거린다. 재빨리 식탁으로 가서 디저트를 게걸스럽게 해치우며, 다리를 꼬고 앉아서는 스승에게도 대든다. 사치 부리는 걸 좋아하고, 품행이 나쁘며, 권위를 우습게 안다. 그들에게선 어른에 대한 존경이라고는 전혀 찾아볼 수 없다. 우리 시대 아이들은 폭군이다."

그 까마득한 시절 이후로 서구 사회에서는 규율에 대한 관심이 점점 더 높아졌다. 그에 따라 법적인 틀을 형성하고, 경찰권 행사를 통해 국가 차원에서 미성년자의 교육을 관장하게 되었다. 보건, 아동보호, 무상 의무교육 등이 그런 영역이다. 이러한 규율적인 확립과 함께 경제적 번영에 관한 사람들의 관심 또한 높아졌다. 특히 경제 발전은 고용시장에서 기능적이고 생산적이며 경쟁력 있는 개인을 양성했다. 그와 같은 시대 분위기는 사람들이 '관계의 복잡성에 대한 이해도'와 '권위의 수용력'을 덕목으로 하는 제2차, 제3차 산업에 사회적으로 적응하도록 부추겼다.

1932년 오스트리아에서 프로이트는 "모든 교육의 주된 목표는 아이에게 본능을 통제하는 법을 가르치는 것이다. 아이에게 완전한 자유를 허락하고, 아이의 모든 충동을 아무런 제약 없이 허용하는 것은 사실 불가능하다. 그래서 교육이 이를 제지하고 금지하고 억제해야 한다. 전반적으로 교육은 항상 그렇게 수행되어 왔다."라고 말한 바 있다.

그런데 프랑스 68혁명*을 계기로 이러한 교육적 요구사항이 다

---

* 1968년 5월 프랑스 파리를 중심으로 벌어진 대규모 사회 변혁 운동이다. —옮긴이

소 완화된 분위기가 형성되었다. 한 설문조사에 따르면 프랑스인의 74%가 "'자신의 유년 시절'보다 오늘날 아이들이 예의가 바르지 않다."라고 평가한 것으로 나타났다.[*]

요즘의 교사들은 아이들에게 인생의 규칙을 교육하는 일에 관한 어려움을 토로하고(Pain, 2002와 Imbert, 2004), 가정에서 부모의 권위가 상실됨에 따라 교사의 교육적 임무가 더욱 막중해지고 있다고 분석한다(Bergonnier-Dupuy, 2005). 여기엔 확실히 가족의 변화가 중요한 역할을 했다. 예전에 비해 형제자매의 수가 줄면서 아이에게 규칙을 적용하는 역할을 하던 어른과 아이의 경계가 불분명해졌고(Camdessus, 1998과 Scelles & Arènes, 2003 및 Buisson, 2003), 부모의 이혼역시 흔한 현상이 되었다. 한부모 가정에서 한 사람이 따뜻함과 엄격함을 갖춘 부모의 역할을 동시에 해내기란 쉽지 않다. 결국 "훈육을 하면서 위로도 하고, 엄하게 하면서 동시에 인내심을 갖고 기다려주며, 나무라면서 또 달래기도 해야 하는 상반된 역할을 한 사람이 하다 보니 이도 저도 안 되는 상황이 벌어진다." (Vieille-Grosjean, 2011, Gloton, 1974 언급)

이러한 '느슨함'은 분명 우리 시대에서 존재감이 높아진 '자유'라는 개념에 대한 문화적 애착에서 기인한다. 교육 분야에 아주 자연

---

[*]　여론조사기관 BVA가 시행했으며 2015년 2월 28일 설문조사 결과를 발표했다.

　　　　　　　　타임아웃 육아법

스럽게 스며든 이 개념은 최선의 경우 아이의 정신 구조는 원래 건강하다는 환상을, 최악의 경우에는 이 정신 구조가 사회에 의해 변질되었다는 착각을 불러일으키는 것으로 보인다(Kohn, 2017).**

아동 심리상담은 자연스레 시대의 변화를 따라가기 마련인데, 업계 종사자들은 최근 나타나는 주요 변경 사항으로 다음 두 가지를 꼽았다.***

‣ 첫째, 언어폭력 또는 신체폭력이 동반된 지속적인 과잉행동과 분노조절장애 등 아이의 '행동장애'가 증가하고 있다.

‣ 둘째, 완전히 새로운 가족 프로필이 등장했다. 사실 과거에는 문제가 있는 아이들이 가족의 기능이 제대로 작동하지 않는 가정에서 많이 나왔으며, 우울증이나 학업 무기력 등 다른 장애를 동반하는 경우가 많았다. 그런데 이와는 반대로 요즘 심리학자들은 정신적으로 아주 건강한(열정적이고, 쾌활하고, 적극적이고, 교우관계가 좋으며, 다정하고, 간혹 아주 명석하기도 하고, 개성이 있고, 생기 있는) 아이들을

---

** 이는 1세기 반 넘게 심리학이 인정하고, 이전에도 연구된 바 있는 '정신적 현실(psychic reality)'과 완벽히 배치된다.

*** 한계의 부재 문제가 대두되면서 아동정신의학과 과장(Marcelli, 2003 & 2007과 Rufo & Duverger, 2018)을 역임하고 있는 전문의를 포함해 명성 있는 전문가들은 일반 대중을 대상으로 수많은 서적을 집필했다(Eliacheff, 1996과 Halmos, 2006 및 Naouri, 2008).

진료실에서 점점 더 많이 본다. 이런 아이들의 부모는 아이를 잘 돌보고, 필요할 때 곁에 있어주며, 따뜻하고, 건강하고, 스스로 충만한 삶을 살고 있다. 부족함을 모르고 자란 아이들은 오히려 애지중지하는 분위기에서 과도한 사랑을 받는데, 부모는 아이가 반항할 때도 시간이 지나면 자연스럽게 해결되리라 생각하는 경우가 많다. 하지만 이는 결국 부모가 간혹 과도하거나 불공정하다고 평가되는 강압적인 문명적 유산으로부터 아이들을 해방시키려다가 정작 한계의 부재라는 나락으로 그들을 떨어뜨리는 것과 다르지 않다.

심리학자들에게 '한계 설정의 부재'라는 새로운 문제를 가진 아이들을 치료하는 것은 아주 특별한 과제일 수밖에 없다. 대개 이들은 환자를 '고치려는' 소망을 안고 심리학자라는 직업을 선택했기 때문이다. 그런데 이 아이들에겐 근본적으로 고칠 것이 없다. 트라우마 경험이 있는 것도 아니고, 애정과 유대감, 삶의 이유가 부족하지도 않다. 반대로 이 아이들은 모든 면에서 '과한' 상태이다. 너무 호기심이 많고, 너무 강렬하고, 감각적 기관이 너무 예민하고, 너무 욕구가 강하고, 너무 관심을 끌려 하고, 너무 수다스럽고, 지나치게 쾌락을 갈구하고, 행동의 폭발성이 너무 크다.

가정에서 어떻게 교육적 한계를 설정할 수 있는지에 대해서는 부모에게 어떠한 지침도 주지 않으면서(Goldman, 2019), 심리학자들은 '한계 설정이 잘못된' 아이들을 흔히 "문제없이 잘 크고 있다."라고 단정하며 집으로 돌려보낸다. 혹은 효과가 바로 나타나는 해결책은 제시하지 않은 채 아이가 주변 사람들과 조금이라도 덜 고통스럽게 지낼 수 있도록 별 소득 없는 검사들만 장기간 받게 한다.

이런 상황에서 우리는 난관에 봉착한다. 심리학자들이 아이들의 (짜증나고 불만스러운) 한계 문제를 자신들이 아니라 부모가 다루길 바란다면, 우리는 도대체 무엇을 해야 할까?

이것은 그저 가볍게 여길 문제가 아니다. 왜냐하면 어떠한 진단도, 적절한 치료적 대응도 없는 상황에서 오늘날 부모들은 아이의 행동장애에 대한 해결책을 스스로 찾기 위해 고군분투하고 있기 때문이다. 그들은 수년째 추측성 정보와 사이비 과학에 의존하고 있다. 이 과정에서 '영재'나 '과민증'과 같은 새로운 가상의 질병들이 생겨났을 뿐만 아니라, '주의력 결핍 과잉행동장애(Attention Deficit Hyperactivity Disorder, ADHD)', '자폐 스펙트럼 장애(Autism Spectrum Disorder, ASD)' 등의 진단이 남용되는 일이 발생했다. 그러다가 마침내 눈물이 그렁그렁한 채 불안에 시달리는 아이를 보면서, 자신의 감정을 자유롭게 표현할 수 있다는 이유로 그 아이를 행복한 아이라고 단정하는 '긍정 교육법(positive education)'이 탄생한 것이다.

많은 부모는 아이의 충동적이고 공격적인 돌발 행동 앞에서 혼란스러워한다. 눈앞에 벌어지는 광경을 그대로 식별하는 것("아이가 고통스러워하는 것을 목격하고 있어.")도, 아이를 제어하는 것("자신이 해서는 안 되는 행동인 줄 알면서도 하고 있어.")도 힘들어한다.

이 책은 예방을 위한 지침서이자 치료 가이드이다. 나는 이 책을 통해 교육적 한계를 모색하는 모든 부모에게 조금 더 명확한 길을 안내하고, 예방법을 알려주고 싶다. 또 이 책은 '과도한' 아이의 성향 때문에 심리학자나 아동정신의학과 전문의를 찾은 후 '한계 부재의 문제'가 있다고 진단받은 아이의 부모들에게도 유용할 것이다.

이 책은 1세부터 아이의 정신 구조 속에서 한계를 설정함으로써 얻을 수 있는 이점을 상기한다. 그리고 부수적인 피해 없이 아이가 천천히, 차분하게 스스로의 욕구불만을 다스리도록 도와주는 간단하면서도 실용적인 교육적 방법론 또한 소개한다.

이러한 기본적인 학습을 통해 아이는 자신은 물론 주변 사람들에게도 좀 더 편안하고 열정적인 방식으로 정신적 발달의 다음 단계로 넘어갈 수 있을 것이다.

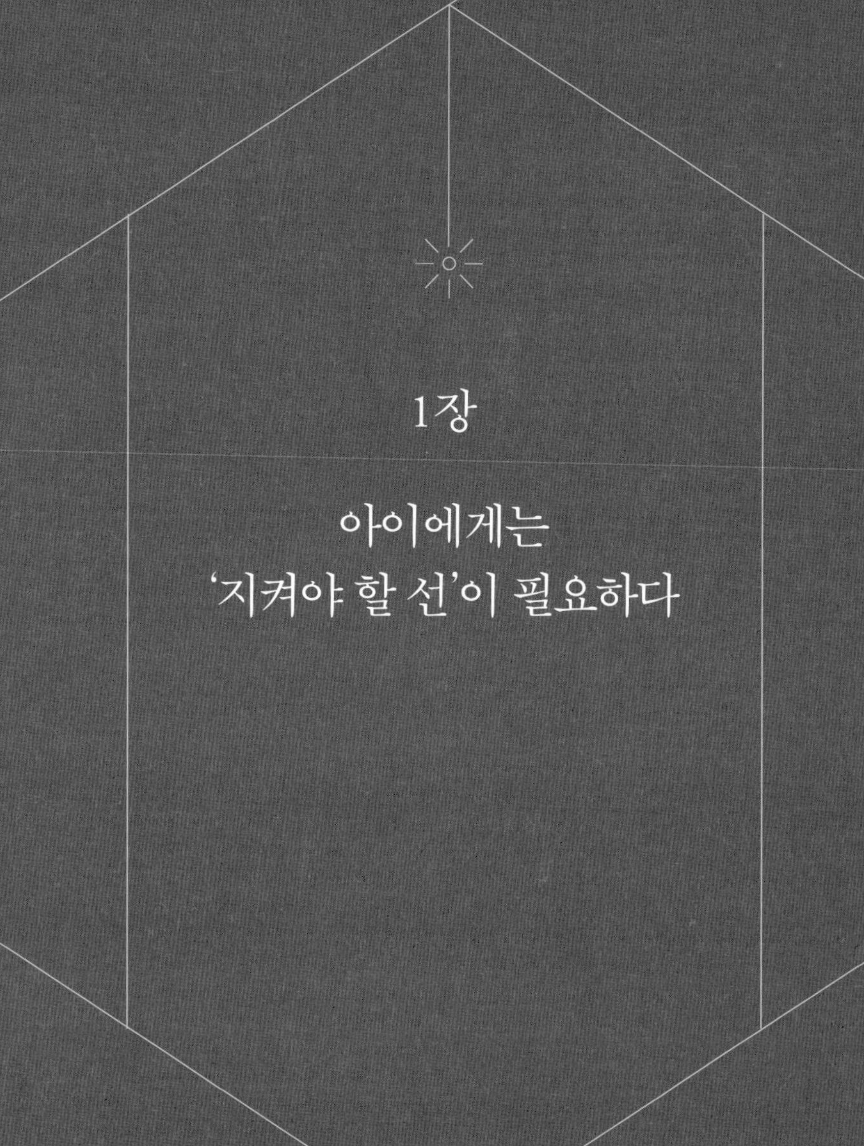

# 1장

## 아이에게는
## '지켜야 할 선'이 필요하다

# 아이의 흥분성에 관하여

아이의 심리적 발달을 구성하는 주요 요소들을 먼저 살펴보자.

## 아이의 심리적 발달 단계

아이의 심리적 기반은 0세에서 7세 사이에 순차적으로 형성된다. 각각의 단계는 이전 시기를 어떻게 보냈느냐에 따라 달라진다. 어리면 어릴수록 심리적인 기반은 더 연약하다. 또 어릴수록 그 기반은 더욱 중요한 방식, 더욱 근본적인 방식으로 만들어진다. 그렇기에 부모는 아이의 발달 단계에 따라 달라지는 요구들을 충족시켜 주어야 한다.

‣ **0~1세:** 아이는 생후 1년 동안 현실에 뿌리내리면서 자신의 **정체성**을 구축하기 시작한다. 이 시기의 아이에게는 항상 곁에서 자신을 보살펴 줄 어른의 존재(대개는 부모)가 필요하다. 미소와 따뜻함, 감미로운 노래, 포옹과 같은 애정 표현을 통해 사랑을 전달하고 울면 바로 달래주면서 아이가 일상 속에서 일관성과 안정감을 느끼게 해주는 것이 중요하다. 한편 생후 몇 개월이 지난 후에는 아이의 첫사랑(일반적으로 엄마)이 다른 관계들(아빠, 친구 또는 다른 즐거움들)과 계속 교류하며 아이에게서만 '충족감'을 느끼지 않도록 주의해야 한다. 적절한 거리가 있어야만 아이는 자신의 정신적 공간을 만들 수 있기 때문이다.

‣ **1~5세:** 이와 같은 정서적 자양분이 만들어지면 아이는 점차 **정서적 안정감**(부모와 떨어질 수 있는 능력)을 느끼고 **안정적인 자기 애착**을 형성한다. 부모의 존재와 애정만으로도 건강한 자아 존중감을 구축할 수 있는 것이다. 이 시기는 아이가 **한계**라는 개념을 익혀야 하는 시기이기도 하다. 그래서 1세부터는 아이가 지시를 따르지 않을 경우 어른의 권위를 보여줄 필요가 있다.

‣ **5~7세:** 이 모든 단계를 잘 밟아왔다면 아이가 새로운 방식으로 사랑할 수 있는 정서적 준비를 마쳤다고 할 수 있다. 이 시기에는 아이가 이성 부모에게 성적 매력을 느끼고, 동성 부모를 경쟁자로 인식하여 적대시하는 심리 현상, **오이디푸스 콤플렉스**(Oedipus complex)가 등장한다.

   타임아웃 육아법

이렇게 다른 방식으로 자신의 부모를 '마주하는' 연쇄적인 과정을 통해 아이는 차근차근 성장할 수 있다. 그러나 아이가 성장 단계별로 필요한 정서적 자양분을 부모와의 관계를 '통해서' 충분히 제공받지 못한다면 다음 단계로의 발달적 이행이 마비될 수 있다. 다시 말해 고착(fixation) 문제가 발생할 수 있다. 이 경우 아이는 실제 나이와 맞지 않는 특정 발달 단계에 머물며 해당 단계에서 나타나는 전형적인 '행위' 또는 증상을 반복적으로 보이게 된다.

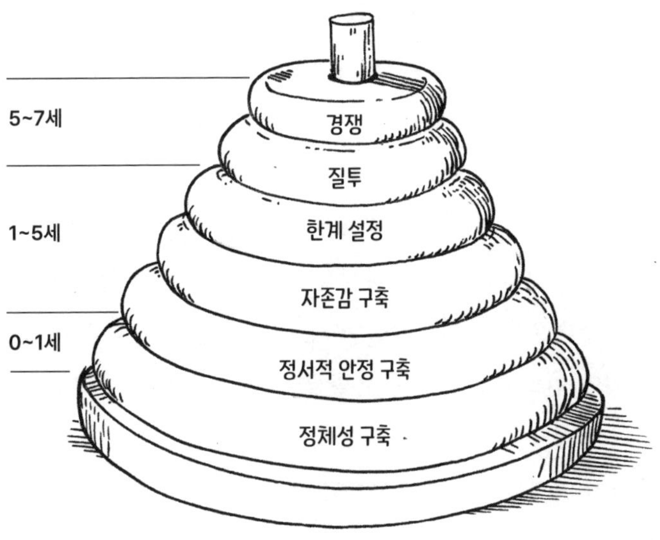

『CLIF 정신의학 사전』에 따르면, 심리학에서 말하는 '흥분성'은 '특히 흥분, 감정조절장애, 다변증, 과잉행동과 관련 있는 정신적 활동항진 상태'를 의미한다. 생리적인 요인(불면증, 질병, 조산 출생 등)이나 일시적인 외부요인(낮잠을 놓치거나 불안을 유발하는 사건을 경험한 경우 등)에 의해서 달라지는 게 아닌 영구적인 성격의 '병리적' 흥분성은 아이에게 네 가지 형태의 정서적 문제를 초래할 수 있다. 가장 드문 것부터 가장 흔한 문제까지 차례대로 소개하겠다.

### » 유형 1: 정신질환적 고통

아주 예외적이긴 하지만, 아이의 흥분성은 생후 첫해에 발생한 매우 심각하고 오래된 고통, 즉 '정체성 고통' 또는 '정신질환적 고통'에서 기인할 수 있다. 이 고통으로 인해 정신적으로 바르게 성장하지 못한 아이는 일반적으로 현실을 인지하고 정체성('나는 누구인가?')을 인식하는 데 취약성을 드러내는 수많은 증상을 보인다. 아이가 겪은 아주 위협적인 세계, 이를테면 학교, 다른 아이들, 여러 가지 변화 등은 흥분을 유발할 수 있는데, 이는 실제로 깊은 불안의 형태로 나타난다. 그러므로 흥분성의 기초가 되는 불안을 완화하기 위해서는 적절한 치료를 받는 게 필요하다.

### » 유형 2: 우울증

생후 첫해부터 나타나는 흥분성은 간혹 항우울 치료와도 연관될 수 있다. 자신의 고통에 지나치게 신경 쓰지 않기 위해, 또 우울증과 무기력함에 빠지는 것을 피하기 위해 아이는 과도하게 흥분하거나 때로는 지나치게 명랑하고 장난스러운 모습을 보일 수 있다. 그래서 관심받기 좋아하는 아이라는 인상을 주기도 하지만, 이 모든 것은 아이가 갖고 있는 우울감을 속이기 위한 행동이다. 한편 이런 아이들 중에서는 종종 아주 깊은 슬픔(울음을 통해 표현되는)과 분리불안을 겪는 경우도 있다. '조증'이나 '과잉행동'이라고도 불리는 이 흥분성은 6세부터 아동정신의학과 전문의로부터 진단을 받을 수 있으며, 아주 예외적으로 항우울제*의 도움으로 심리치료를 진행할 수 있다. 아이의 정서적인 문제를 확실하게 치료하기 위해서는 정확한 정보를 바탕으로 한 부모의 보살핌이 반드시 필요하다. 아이 앞에 펼쳐질 긴 인생을 생각하며 부모-자녀 간의 관계를 더 바람직하고 건강한 방식으로 재정립해야 한다.

### » 유형 3: 오이디푸스 콤플렉스

이르면 4.5세부터는 오이디푸스 콤플렉스가 나타나 아이의 흥

---

*    리탈린(Ritaline)은 암페타민류로 일종의 각성제이며 아이 흥분성의 원인인 우울증을 치료하는 데 효과적이다.

분성이 점점 고조되는 것을 볼 수 있다. 이 발달 단계에서는 아이가 (무의식적으로) 이성 부모에게 성적 매력을 느끼고 동성 부모를 경쟁자로 여겨 없애버리고 싶다는 감정을 느끼게 된다. 이러한 환상은 아이가 미처 알아차리지 못할 정도로 일시적인 현상이다. 아이가 사랑으로 인해 마음이 동요되는 감정을 처음으로 느끼는 계기가 되기도 하는데, 물론 이는 지극히 정신적이고 순수한 사랑이다. 아이는 사춘기 이후에야 생식기능이 발달하기 때문이다. 그러니 아이의 오이디푸스 콤플렉스를 비웃거나 악마화할 이유는 전혀 없다!

오이디푸스 콤플렉스가 나타나는 시기를 현명하게 보내기 위해 부모가 할 일은 다음과 같다.


▸ 부부 사이가 단단한 관계임을 보여준다. "엄마랑 아빠랑 둘이 외식하러 간다."라고 말하기, 부부의 첫 만남에 관해 이야기하기 등이 여기에 속한다.

▸ 농담으로라도 아이의 근친상간적 질투를 유발하는 말은 하지 않는다. "너는 아빠의 꼬마신부야.", "우리 딸은 엄마보다 더 예뻐!", "엄마는 우리 아들만 있으면 돼." 등의 말이 그런 예다. 껴안을 때 엄마의 가슴 만지기, 아빠의 배를 향해 달려드는 행위, 몸싸움 놀이 등 과도한 신체적 접촉을 중단한다. 아이와 한 침대에서 잔다거나 신체의 중요 부위를 만지는 것을 지양한다. 남자아이의 경

우 아빠가 포피 부분의 청결 유지를, 여자아이는 엄마가 유아 청결제로 중요 부위의 청결을 도와준다.

- 만약 아이가 끈질기게 이성 부모와 결혼하겠다고 말하면 결혼에 관해 아이에게 다정히 설명해 준다. 남자아이의 경우라면 이렇게 얘기해 볼 수 있다. "엄마랑은 결혼할 수가 없어. 가족끼리 결혼을 하지 않는 게 사회의 규칙이거든. 그리고 엄마는 아빠랑 벌써 결혼했잖니. 엄마랑 아빠는 오래전부터 서로 사랑해 왔고 그래서 네가 세상에 태어난 거란다. 나중에 크면 너도 사랑하는 사람이 생길 거야. 그 사람이랑 함께 행복하게 살면 되는 거야. 어떻게 생각해?"
- 아이가 새롭게 빠져드는 동성 부모와의 경쟁 관계에 휘둘리지 않는다. 아이에게 침착히 반응하고 다정하게 대한다. 부모의 '온화함과 부드러움'이야말로 6~7세 무렵의 아이가 오이디푸스 콤플렉스를 잘 이겨낼 수 있는 원동력이다.

아이가 느끼는 질투심과 경쟁심 사이에서 부모가 모호하게 대처하면 오이디푸스적 환상을 되레 키우게 된다. 아이들은 무의식적으로 이 환상을 갈망하지만 동시에 이를 두려워하기도 한다. 만약 부모가 이를 완화하는 데 실패한다면 아이는 '근친상간의 금기'를 위해 필요한 거리를 유지하고자 스스로 다른 방어책(높은 수준의 불안과 혐오, 또래와의 공격적 마찰과 갈등처럼 과도한 정서적 관계 형성 등)을 마련하게 된다.

### » 유형 4: 교육적 한계의 부족

이르면 10개월부터 나타나는 흥분성은 교육적 한계 부족과 관련될 수 있다. 바로 이 책에서 다루는 주제이다.

 

# 한계를 모색하는 아이의 증상들

앞서 소개한 다양한 형태의 흥분성은 흥분과 공격성, 폭력과 절도 등 일부 행동장애들이 '유형 4'의 경우인 '한계 부족의 문제'에 속하지 않는다는 점을 보여준다. 이런 증상은 오히려 아이가 부모의 관심이 절실히 필요한 정서적 고통('유형 2'에서 설명한 항우울과 연관된 흥분성의 경우)을 숨기고 있거나 아주 오래된 정신질환적 불안('유형 1'의 경우)이 있을 때도 발생할 수 있다. 그러므로 심리학자나 아동정신의학과 전문의와 상담하기 전에 아이의 증상을 섣불리 판단하지 않도록 주의해야 한다.

우울증이라는 판단('유형 2')을 배제하기 위한 과정으로 심리학자나 아동정신의학과 전문의는 특히 가족과 보내는 일상에서 아이가 욕구와 만족을 추구하는지 확인한다. '아이가 부모나 친구들과 행복한 순간들을 보내고 싶어 하고, 좋아하는 음식을 요청하거나 좋아하는 것을 하기 위해 외출을 하고 싶어 하는가? 아이가 즐거워서 깔깔깔 웃어댈 때가 있는가?' 등이 이를 알아보기 위한 질문들이다.

## 식사, 수면, 배변 훈련

아이의 전형적인 반항들은 부모 또는 다른 양육자가 이를 교정하지 못하거나 최소한 그 행동이 아이와 관련된 모든 관계, 즉 가족 구성원, 기관이나 시설 구성원을 위협하지 않도록 충분히 제어하는 데 실패할 때 병리적 증상이 된다.

1세 무렵이 되면 아이는 식사 자리에서 밥그릇과 숟가락 집어던지기, 오븐 다이얼 가지고 놀기, 식탁보 잡아당기기, 리모컨 낚아채기, 냉장고 문 열기 등을 하기 시작한다. 그다음에는 지나치게 말을 많이 하고, 큰 소리로 말하고, 소리를 지르며, 대화 중에 말을 자르거나 식탁이나 공공장소 등에서 시끄러운 소리를 낸다. 징징거리거나 사소한 일에 토라지는가 하면 모든 것에 불평불만을 늘어놓고 짜증을 낸다.

 타임아웃 육아법

타인을 생각하거나 존중하는 마음도 부족하다(예를 들어 인사하거나 감사 인사 거부하기, 물건 빌려주는 것을 거부하기, 4세 이상인데도 식사 자리에서 트림하기, 패배를 인정하지 않기, 공책 같은 자신의 물건이나 주변을 훼손하고 정리하지 않기 등). 부모나 형제자매 또는 친구들을 거친 말, 욕설, 도둑질, 폭력으로 협박하는 경우도 있다. 부적절한 말투, 무시하는 태도, 부당한 비난 등도 여기에 포함된다. 무례한 과잉행동으로 부모를 난처하게 하고, 원하는 것을 집요하게 요구하거나(물건을 사달라고 떼쓰기 등) 과도하게 반응하고, 감정 기복이 심하며, 자신을 피해자로 표현하면서("엄마 아빠는 날 사랑하지 않아.") 감정을 도구로 폭군처럼 행동하기도 한다. 양치하기, 옷 입기, 장난감 정리하기, 숙제하기 같은 과정에서 지시를 따르지 않거나 일부러 시간을 끄는 일도 허다하다. 또 TV나 태블릿 등 전자기기를 끄거나 잠자리에 들기를 거부하고, 식사 도중 자리를 뜨는가 하면 그날 준비된 주메뉴를 안 먹겠다며 다른 걸 달라고 한다.

수면과 식사에 관한 증상은 아이들의 행동에서 자주 보이기는 하지만 여기에서 언급하지 않겠다. 이 두 가지 요소는 대체로 너무 과도한 흥분이 초래한 결과이므로, 향후 아이에게 부정적인 기억으로 남을 수 있는 문제를 지금 부모에게 섣불리 훈육하라고 권장하고 싶지는 않기 때문이다.

수면 장애(잠들기 어려워하고, 밤중에 뒤척이며, 울면서 엄마를 찾거나 너무 일찍 일어나는 경우 등)는 부모와 자녀 간의 대립과는 별개로 다루어야 하는 영역이고, 사실 부모에게도 휴식을 줘야 하므로 어떤 강제적인 방안을 야간에 바로 실행하는 것을 추천하지는 않는다. 그래서 나는 '아이를 제어하는 작업은 낮 동안에 집중하되 밤에는 아이가 스스로 균형을 잡아가도록 한다'는 방법을 제안한다. 또는 필요하다면 지난밤에 있었던 문제에 대해서 그다음 날에 훈육할 수도 있다.

편안하고 즐거운 식사 자리에서 긴장을 유발해서는 안 되기 때문에, 밥 먹기를 거부하는 것 또한 훈육 대상에 포함되어서는 안 된다. 단, 예절 없는 행동(미리 요청한 음식을 거부하기, 음식에 대한 무례한 태도, 나쁜 자세, 식사 도중 자리 떠나기, 불평하기, 형제자매를 도발하거나 공격하기, 대화 도중 끼어들기, 아주 시끄럽게 말하기, 상대방에 대한 부적합한 말투 사용 등)에 대해서는 훈육을 진행한다.

> **참고**
>
> 유년기에 아이에게 음식을 억지로 먹이게 되면 트라우마를 유발해서 훗날 아이가 음식 먹기를 극도로 혐오하거나 섭식장애(거식증, 폭식증 등)를 겪을 수 있다.

이러한 아이들에게는 배변 훈련에 관한 증상 또한 드물지 않게 나타난다. 대소변 문제는 아이가 '자신의 공격성을 조절'하는 다른 언어적, 신체적 방법들과 다소 유사한 방법을 따른다. 배설 장애는 원시적인 형태(유뇨증 또는 유분증, 정리 안 된 공책과 지저분한 글씨, 어수

  타임아웃 육아법

선한 침실, 더러운 채로 방치된 접시, 버리지 않은 포장지, 며칠째 같은 옷 입기, 샤워 거부 등)로 나타나기도 하고, 아예 대소변을 과하게 참는 행동(기저귀 교체 거부, 소아 변비, '청결 강박장애Obsessive-Compulsive Disorder, OCD' 등)으로 드러나기도 한다.



아이가 5세 이상이라면 연달아 배변 실수를 한 다음 날 아침, 아이를 침실에서 격리하도록 권유하기도 한다. 아이의 배변 문제가 '한계'와 관련된 흥분성에 의한 것임이 명확할 때, 즉 아이가 심리적, 생리적으로 대소변을 통제할 능력이 있음에도 참으려고 노력하지 않을 경우에는 이러한 훈육이 필요하다. 다른 증상들은 점점 사라지기 시작하는데 소변 문제만 계속 지속된다면 소변 감지 알람기를 사용하는 것도 방법이 될 수 있다.

## 유아기의 올바른 식사 습관 기르기

유아기의 첫 반항 행동은 보통 1세 무렵, 일반적으로 10~14개월 사이의 식사 시간에 나타난다. 식사 자리에서 손에 닿는 식기나 물통 등의 물건들을 바닥으로 집어 던지고, 음식을 갖고 장난치는 행위를 한다. 부모는 매번 수십 번씩 "아니야, 그릇 집어 던지면 안 돼, 무릎 위에 밥 붓지 마."라고 말하느라 지치지만 아이에게는 너무 행복한 시간이다. 그 과정에서 아이는 활발히 발달 중인 자신의 운동 신경을 만끽하고, 자신의 영향력이 주변 사물뿐 아니라 떨어진 음식을 몇 번이고 치우는 눈앞의 어른에게까지 미친다는 것을 탐색하며 즐거움을 얻기 때문이다.

그러므로 부모는 아이에게 안 되는 건 "안 된다고" 알려줘야 한다. "이거 치우느라 엄마 너무 힘들어.", "그러면 깨끗했던 머리 다 더러워지잖아.", "음식 낭비하면 안 돼." 등 아이가 납득할 수 있는 이유와 함께 말이다. 그리고 "계속 그러면 네 방에 가서 벌받을 거야."라고 말해야 하는데, 그것은 부모가 식탁에서 '한계'를 처음 마주하는 아이의 순간을 존중하는 일과 다름없다. 그다음 아이를 방이나 따로 떨어진 공간으로 보낸 뒤 문을 닫은 채 혼자 몇 분간 울도록 내버려두어야 한다. (마음이 너무 아프지만 아이를 키우는 데에는 종종 용기가 필요한 법이다!) 그러면 아이는 식사 자리에서 어떻게 행동해야 하는지를 이해하게 된다. 아이가 이런 행동을 할 때마다 부모는 지속적으로 훈육해야 한다.

시간이 지날수록 과거의 문제 행동들은 점점 사라지고, 아이는 식사 자리에서 더 적절하게 행동하며 특히 좀 더 정교한 행동을 발달시켜 나갈 수 있다. 가령 집어 던지고 더럽히는 즐거움을 포기해야만 하는 아이는 애써 숟가락을 잡아서 음식을 자신의 입에 넣는 법을 배우며 뿌듯함을 느끼게 된다. 아이를 고립된 공간에 혼자 둠으로써 여차 나쁜 분위기를 조성할 수 있는 부모와 자녀 간의 갈등, 예컨대 고함을 치거나 비난을 멈추지 않는 일을 애

 타임아웃 육아법

초에 방지할 수도 있다. 일반적으로 아이가 무언가를 집어 던지거나 음식을 얼굴에 바르거나 식탁에서 큰 소리로 말하는 것처럼 규칙을 어길 때마다 각각 세 번 정도 훈육을 실행하면 충분하다. (추가적으로 중간중간 경고가 필요하기는 하다.)

저녁 식사 시간은 아이에게 아주 중요한 배움의 자리다. 식사 시간에 아이는 자리에 앉아있기, '잘 먹겠습니다', '감사합니다'라고 말하기, 대화 중에 끼어들지 않기, 다른 사람의 발언권 존중하기 등을 배울 수 있다. 그뿐만 아니라 부모가 대화하는 방식을 들으면서 공동생활을 위한 예의범절을 상당 부분 갖추어나갈 수 있게 된다. 가만히 생각해 보면, 공동생활의 일원이 되어 적합한 방법으로 타인과 소통하는 것은 그냥 저절로 되는 게 아니다. 이는 아이가 가정에서 날마다 경험해야 얻을 수 있는 복잡한 배움의 결과이다.

## » 음식 거부, 그리고 엄마에게 끼치는 영향

이 세상의 모든 엄마는 자신의 아이가 잘 먹는다는 것을 확인하고 싶어 한다. 이런 본능은 개인의 심리학적 영역보다는 인간의 생존과 연결된 생물학적 영역에 속한다. 그렇기에 이를 거스르기란 쉽지 않다.

엄마라면 아이가 음식을 안 먹거나 적게 먹는 경우에 당연히 걱정할 수밖에 없다. 하지만 신진대사 문제로 인한 식욕 부진도 아니고 아이가 잘 성장하고 있다는 소아청소년과 진단을 받았다면, 이 문제에 대한 걱정을 중단하고 더 이상 먹는 것으로 아이에게 스트레스를 줘서는 안 된다. 아이가 무의식적으로 이를 이용해 자신의 발달에 관련된 모든 갈등을 협상하려 드는 것을 막기 위해서다. 부모가 편안하게 식사하는 동안 아이도 그렇게 하도록 내버려 두어야 한다. 아이의 접시를 쳐다보지 않음으로써 부모가 아이의 식사에 관심이 없다는 사인을 보낼 때 아이는 자신의 식사를 주체적으로 받아들이고 잘 먹게 된다.

## » 즐거운 식사 시간을 결정하는 요소들

식사의 이상적인 모습은 무엇일까? 생후 1년 차부터 아이와 같이 매일 저녁 식탁에 둘러앉아 밥을 먹으며 체계적이고, 따뜻한 분위기를 제공하고, 함께 먹는 즐거움을 알려주는 것이다. 또 부모의 접시에 있는 음식을 조금 덜어주면서 아이가 다양한 음식을 맛보고 식별할 수 있도록 하는 것이다.

스스로 밥 먹는 게 아직 어려운 나이라면, 아이는 혼자서 숟가락을 잘 사용하지 못해 종종 짜증을 낼 수 있다. 이럴 때 아이의 울음을 멈출 수 있는 아주 간단한 팁이 있다. 소근육 발달을 경험할 수 있도록 아이에게 추가로 다른 숟가락을 쥐여주는 것이다. 그리고 동시에 부모는 아이에게 음식을 먹여주면 된다.

오랫동안 아이들은 그릇에 있는 밥을 다 먹기 전까지는 식사 자



타임아웃 육아법

리를 떠나지 못하도록 교육받아 왔다. 그래서 밥을 다 먹지 못한 아이가 하루 종일 식탁에 앉아있거나, 아이가 남겨서 차게 식은 음식이 다음 식사 자리에 그대로 등장하는 때도 종종 있었다.

하지만 가학적으로까지 보이는 이 엄격함은 교육적 효과가 전혀 없다. 이는 아이에게 식사에 대한 부정적인 기억만을 남기기 일쑤다. 그래서 편식이 심해지는 등 향후 아이의 사회생활에 문제가 될 수 있다. (식사 자리에 초대를 받으면 음식을 다 먹는 손님이 호감을 받게 마련이다.)

단, 아이가 채소, 생선, 과일 등 건강한 음식을 좋아할 수 있는 환경을 만들어줄 필요는 있다. 이런 음식들은 달고 기름진 음식에 비해 매력적이지 않을 수 있다. 대부분의 아이는 보통 생채소와 퓌레는 건너뛰고 치즈와 빵, 디저트 단계로 넘어간다. 하지만 간이 된 음식을 접하는 시기부터는 다음 사항을 지킬 필요가 있다.

- ▸ 다른 음식을 권하지 않는다.
- ▸ 절대 억지로 먹으라고 하지 않는다.
- ▸ 몇 숟가락이라도 먹지 않겠다고 하면 아이에게 식사는 이걸로 끝이고, 다음 식사 시간도 없을 것이라고 설명한다.

이러한 규칙들을 설정해 놓으면 처음에는 아이가 좋아하지 않더라도 점차 고른 영양 섭취를 도와주는 음식에 자연스럽게 익숙해지게 된다. 사실 가장 어려운 건 부모가 보기에 아이가 충분히 먹지 않았는데도 아이에게 식사를 그만하고 2~3회 연달아 자리를 뜨도록 허락하는 일이다. 하지만 이러한 작업은 아이를 고립된 공간에 혼자 두는 훈육처럼 장기전이라는 걸 반드시 기억해야 한다.

저녁 식사 시간에 부모 또는 부양육자를 대신할 수 있는 제삼자가 함께 자리하는 것은 아주 중요하다. 여기에는 여러 가지 이유가 있는데, 부양육자는 주양육자를 도와 활력이 넘치고 즐거운 식사 분위기를 조성하고, 가사 관리와 아이의 일관된 지도에도 도움을 주기 때문이다. 아직도 아이가 잠자리에 드는 시간에 퇴근하는 아빠들은 그것이 가정의 균형에 영향을 미칠 수 있다는 사실을 알아야 한다.

아이의 성장과 관련해 사회성 향상을 돕고 권위를 세우는 아빠의 역할은 누군가가 대신할 수 없는 소중한 것이다. 아빠의 부재는 결코 사소한 문제가 아니다. 아이를 낳았으면 부모가 각자 하루 24시간 중 최소 1시간 반은 아이를 사랑하는 데 써야 하지 않을까? 이 시간은 어떤 보상도 없이 아이와 함께하는 일에만 집중해야 하는 것이다. 따지고 보면 아주 적은 시간이지만, 이때는 애착과 한계 모색, 자존감 형성, 오이디푸스 콤플렉스 등 아이의 정신적 갈등이 엿보이는 중요한 시간이기도 하다.

아이가 잠자리에 든 후 다시 일을 하러 가야 하는 상황 등이 부모에게 약간 불편할 수는 있다. 그럼에도 식사 시간은 일상에서 부모와 아이가 함께 누릴 수 있는 소중한 경험이란 인식이 중요하다. 아이의 성장은 다른 무엇과도 대체할 수 없는 것이므로 양육을 책임지는 어른들의 희생이 어느 정도 필요하다.

## 환경 변화에 대한 민감성

한계 설정이 잘못된 아이들은 특히 귀가하거나 외출할 때, 진행 중인 활동에서 다른 활동으로 넘어갈 때, 휴가 장소에 도착할 때 등 환경 변화에 민감하게 반응하는 경우가 많다. 이런 감정의 폭발은 심리적 불안 상태와 함께 나타나기 때문에 종종 이 증상이 분리불안으로 오인되기도 한다.

진료실을 찾는 아이 중에는 인사를 하지 않는 것처럼 순식간에 어른에게 무례한 행동을 하는 아이들이 있다. 이런 때도 부모가 아이에게 예의를 갖추고 행동할 것을 가르치는 것이 아니라, 아이를 대신해 사과하고 아이에게는 억지로 시키지 않는 경우가 너무나 많다!

## 사회적 관계 형성을 파괴하는 행동

때로는 언어 발달이 지연되어 '말하기 이전 단계'가 지속되는 현상이 영유아에게 나타날 수 있다.* 이런 아이들은 어른의 질문에 대답하지 않거나 간단하게만 답하거나 시선을 피하는 등 사회적 관계 형성에 필요한 구어적 표현을 고려하지 않고 지속적으로 행동에 집중하는 모습을 보인다. 장난감에 대한 집착, 변덕이 심해 금방 싫증을 내는 과잉행동 등이 여기에 포함된다. 이러한 아이의 흥분성은 나이에 따라 다른 형태로 다양하게 나타날 수 있다(장난감 던지기, 말 끊기, 욕설하기, 트림하기, 배가 고프다거나 집에 가자고 떼쓰기 등).

이런 아이 중 일부는 자신에게 필요 없다고 생각하는 상대방에게 절대 사회적 관심을 표현하지 않기도 한다. 아이의 욕구는 이미 부모가 충분히 채워준 상태이다. 그런 데다 누군가가 자신에게 다가오기 전엔 그 사람의 관심을 받기 위해 노력하도록 부모가 어떤 요구도 하지 않는다는 점까지 고려하면, 아이의 이러한 행동은 당연하다고 할 수 있다. 원하는 것을 모두 가진 아이는 더 이상 아무것도 바라지 않는다.

---

*　그러나 한계를 체계적으로 설정해 부모가 아이의 본능적인 표현 방법에 신속하게 개입한다면, 아이는 언어적인 측면에서 눈부시게 발전한다.

# '그릇'**의 모색

영유아들은 자신의 신체적 경계를 시험해 보기 위해, 의자 밑이나 모서리 공간, 카펫 아래, 침대 뒤처럼 집에 있는 방구석에 쪼그리거나 공간의 측면에 몸을 밀착하는 행동을 한다(벽에 붙기, 바닥에 엎드리기 등).

이런 아이들은 일반적으로 신체를 둘러싼 자극 반응성에 아주 민감하다(피부염, 옷의 제작 성분과 거친 소재의 옷감 사용 유무에 대한 강박, 옷에 달린 상표에 대한 민감성, 유아 자위행위 등).

---

**참고**

피부는 몸과 세상을 구분 짓는 경계다(Anzieu, 1985). 한편 심리학에서는 일반적으로 피부와 관련된 증상들이 내부와 바깥 사이, 다시 말해 욕구나 영감처럼 마음속에서 느끼는 것과 단어나 행동처럼 외부로 배출되는 것 사이를 구분 짓는 심리적 한계의 문제와도 연관이 있다고 본다. '피부'가 내부 세계와 사회적 태도 사이의 경계를 구분한다는 관점인데, 이 관점과 궤를 같이하는 '무쇠 냄비'라는 표현에 대해서는 뒤에서 이야기하겠다. (87페이지 참조)

---

**    여기서 '그릇'으로 옮긴 'contenant'는 영어로 'container'를 가리키는 말이다. '내용물을 담는 용기나 그릇'을 뜻한다. —옮긴이

## 무능함을 수용하지 못하는 아이들

한계 설정이 잘못된 아이들은 어른이 자신과 동등한 위치에 있다고 간주하기 때문에 어른에게서 위압감을 느끼지 않는다. 이런 아이는 자기 생각을 거침없이 말하고, 단호하고도 권위적인 방식으로 자신의 의사를 표현한다. 보복에 대한 두려움도 없다. 가정에서 경험한 적이 없기 때문이다.

이런 아이는 '수동적'인 상태에 있는 걸 용납하지 못하고, 불의에 맞서 싸워야 할 임무가 있다고 느낀다. 비록 스스로의 미성숙함 때문에 완벽하게 행동하지 못하는 것이 당연한 상황일지라도 자신이 어떠한 행동도 할 수 없어 깊이 고통받는 상황을 마주하면 내적으로 흥분한다. 아이가 겸손함이나 신중함에 익숙해지도록 교육받지 않았기 때문이다. 아이의 이런 자신감은 종종 대화 상대를 화나게 하고 심한 짜증을 유발한다(대장 놀이, 여왕벌 놀이, 라이벌 의식). 그래서 이런 아이는 외톨이가 되기 쉽다(친구들로부터 왕따당하기, 운동장에서 혼자 있기, 생일 파티에 초대받지 못하기 등).

이러한 상황이 지속될수록 아이는 자신의 무능함과 대면하는 일을 더욱 견디지 못한다. 즉, 연습이 부족하다거나 재주가 없다는 이유를 들며 문제 풀기나 잘 못하는 운동 하기를 거부하고, 비교나 경쟁에서 패배하거나 시합에서 지는 것을 기피한다.

## 성인지에 대한 태도

권력에 대한 탐구는 아이가 여성과 남성 중 한 가지 성별은 포기해야 한다는 사실을 거부하는 형태로 나타날 수도 있다. 2~3세부터 아이는 자신이 남자인지 여자인지를 인지하게 되고, 주변에 있는 어른들을 통해 자신의 성을 인식하며, 자신과 같은 성을 가진 가족들을 파악하기 시작한다. 예를 들어 여자아이의 경우 엄마, 고모와 이모, 친할머니와 외할머니 등을 인식한다. 그리고 이러한 정신적인 작업을 통해 아이는 남자와 여자 둘 다 될 수는 없다는 사실을 인지한다. 오늘날 젊은 층 사이에서 두드러지고 있는 '성별 부적합'*의 확산은 아주 어릴 때 형성된, 성별 인식을 바꾸지 않으려는 무의식적인 권력 욕구에서 비롯된다. 남자아이가 머리 자르기를 거부하거나 여자아이가 여성스러운 물건의 착용을 거부하는 경우가 대표적인 예다.

---

*　남성이나 여성의 성별 규범과 일치하지 않는 개인의 태도나 표현을 말한다.

한계 설정의 문제와 관련해 아이들에게 자주 관찰되는 증상은 바로 강한 불안감이다. 아이가 벌레나 초인종 소리, 진공청소기 소리를 무서워하고 애니메이션 캐릭터나 괴물, 마녀가 침대 밑에 숨어있거나 꿈에 자주 나타난다며 불안해하는 경우가 이에 해당한다. 아이가 조금 크면 걱정거리의 대상도 바뀐다. 물질적 어려움 또는 (근거 없이) 부모의 병에 대해 터무니없을 만큼 염려하거나 부모가 보이지 않으면, 예컨대 부모가 함께 외식하러 나간다거나 엄마가 집에 없는 경우 과하게 걱정한다. 한계의 부재와 불안 간의 연관성은 이 문장으로 쉽게 이해할 수 있다. "세상의 그 누구도 나보다 강하지 않다면, 과연 누가 나를 보호해 줄 수 있을까?"

III

## 아가트, 2.5세

〈101 달마시안〉에 등장하는 크루엘라(사악한 여자 악당으로, 얼마나 이 캐릭터를 무서워하는지 한번은 아이가 TV를 꺼버린 적도 있다), 신체적 접촉, 욕조에 떨어진 머리카락, 파리나 말벌 등 아이가 일상에서 볼 수 있는 모든 종류의 동물들을 무서워하며 이에 대해 지속적으로 두려움을 표출한다. 평일에는 어린이집 하원 시간인 오후 4시 30분 이후부터, 그리고 주말에는 전적으로 엄마와 함께 시간을 보내는데도 엄마와 떨어지는 것을 두려워한다.

밤에는 야경증 증세를 보인다. 혼자 잠자기를 거부하고, 크루엘라가 자신을 위협하러 올 거라며 두려움을 표출하고, 악몽 때문에 밤마다 3~4번씩 깬다.

아가트의 엄마는 아이와 함께하는 일상생활이 괴로울 뿐이다. 아이는 모든 종류의 지시를 거부한다. 귀가 후부터는 끊임없이 자신에 관한 관심을 요구한다. 예를 들어 엄마는 전화도 못 하고, 친구를 집으로 초대하지도, 쪽지에 글을 쓰는 것조차 할 수가 없다. 뭔가 조금이라도 자기 마음에 들지 않으면 소리를 지르고 울며 불안해한다. 이런 일상에 지칠 대로 지친 엄마는 자신의 의지와는 다르게 신체적 체벌까지 행사할 지경에 이르렀고, 이를 반드시 막아야 한다고 생각하고 있다.

아이는 어린이집에서는 절대 대변을 보지 않는다. 하원할 때까지 참은 후 혼자만의 공간, 보통 자신의 방을 찾아 결국 기저귀에 대변을 본다.

## 공룡, 신화, 행성, 그리고 죽음: 한계를 질문하다

공룡과 신화, 행성, 그리고 세상에 있는 모든 형태의 유한성에 관심을 보이는 아이도 있는데, 이들은 죽음이나 죽음 이후의 삶 등에 가끔은 아주 걱정스러울 정도로 열중하는 모습을 보이기도 한다. 이런 아이들은 가장 오래된 것, 가장 멀리 있는 것, 손에 닿지 않는 것들에 대해 질문한다. 이러한 관심은 아이가 한계 설정을 경험하면서 자연스레 희미해지며, 아이의 불안 요인 또한 진정된다.

### 바스티앙, 5.5세

5세에 접어들면서 바스티앙은 노화와 죽음(할아버지의 죽음뿐 아니라 본인의 죽음)에 대한 걱정이 많고, 때때로 슬픈 감정을 표현하기도 한다. ("더 이상 존재하고 싶지 않아.") 아이는 아빠와 주말을 보낼 때 유독 엄마를 보고 싶어 하거나, 자신이 아기였을 때 엄마와 함께 있는 사진이나 영상을 보면서 감상에 젖는다. ("지금은 엄마가 자주 야단쳐.")

바스티앙은 집에서 자주 흥분하고 반항이 아주 심한 모습을 보인다. 자꾸 바지 속에 손을 넣고, 식사 예절도 바르지 않으며, 아침에 옷 입기를 거부하고, 뭉그적대며 시간을 끈다.

귀갓길에 늘 투덜대고, 차가 오는지 확인도 안 하고 도로를 그냥 건너는가 하면 군것질거리를 달라고 저녁 내내 떼를 쓰고, 저녁 식사 시간에 TV를 끄면 소리를 지른다. 학교에서는 싸움질을 하고, 선생님에게 엉덩이를 보여주는 걸 서슴지 않는다. 참다못한 엄마가 야단을 치면 아이는 듣기 힘든 말을 쏟아낸다. ("죽고 싶어", "우리 엄마 아니야", "이제 나한테 가족은 없어.") 할머니는 손자가 "누구 말도 듣지 않는다."라며 육아를 그만하고 싶어 한다.

바스티앙은 밤에 괴물들이 침대 밑에 숨어있을지 모른다며 무서워한다. 특히 혼자 있을 때면 낮에도 가끔 그런 생각이 든다고 한다("뱀파이어, 상어, 악어…"). 학교에서는 주의집중에 어려움을 보이며 점차 자신만의 세계에 빠진다.

---

**참고**

한계 설정이 제때 이뤄지지 않으면 이는 점차 아이의 지능에 영향을 미쳐 학업 성취도를 떨어뜨리거나 ADHD 증상으로 이어질 수 있다. 과도한 정신적 흥분, 과잉행동, 언어적 불안, 문제 행동, 무력함을 극복하려는 노력을 거부하는 태도, 주의 산만 및 흥분성 표출, 부주의, 뭐든지 자주 잊거나 물건을 쉽게 잃어버리는 경향 등이 나타나며 때로는 반항적인 기질이 동반되기도 한다.

## 감각 처리 민감성

'신경계 민감도'와 '감각 처리 민감도'가 높은 아이들이 있다. 이들은 주변의 모든 소리에 민감하고, 뭐든 쉽게 알아채며, 같은 방에서 동생이 왔다 갔다 하는 것을 못 참고, 교실에서 다른 친구들이 내는 소리를 견디지 못한다. 이런 아이들은 심한 감정 기복을 보이고 모든 것을 극도로 강렬하게 경험한다. 즉, 긴장도가 지나치게 높다. 모든 걸 적나라하게 극단적인 방식으로 느낀다. 정황상 납득이 되는 상황에도 자신뿐만이 아니라 주변 사람들에게 영향을 줄 만큼 비상식적으로 반응하며, 감정의 극과 극(환희와 고통)을 오간다.

한편 이러한 감정의 범람은 아이의 과흥분성*(슬픈 사건뿐 아니라 기쁜 일에도 몹시 민감하게 반응함)이 주변의 어른들이 자주 겪는 감정의 소용돌이와 맞물림에 따라 아이의 내면세계에 자동적으로 형성된다. 이미 일상에서 그렇게 하고 있는데도, 아이를 위해서는 어른

---

*　아이가 기대하던 가족 모임이나 친한 친구의 방문, 또는 그렇게 바라던 자신의 생일 파티 등을 스스로 망치려고 할 때면 부모는 당황할 수밖에 없다. 이런 현상은 아이의 흥분(아이의 기쁨, 자신의 바람이 이루어진 데에 대한 만족감)이 아직 한계 설정이 제대로 되지 않은 정신을 압도하여 아이가 본능적으로 부모에게 외부 제동 장치의 도움을 요청하도록("나를 좀 진정시켜 주세요, 혼자서는 못 하겠어요!") 만들기 때문에 발생한다.

　타임아웃 육아법

들이 아이의 말을 더 잘 들어줘야 한다는 생각에만 빠져있는 부모(엄마에게 국한된 것은 아니나 대부분 엄마인 경우가 많다)를 흔하게 볼 수 있는 이유이다. 아이를 데리고 진료실을 찾는 부모는 "제 아이는 부모 말고 다른 사람에게도 얘기할 필요가 있어요."라고 말하면서 아이를 부탁한다.[**] 이는 지나치게 관대한 태도를 취해온 자신들의 역할을 대신해 달라는 의미이지만, 오히려 아이에게 역효과를 낼 수 있기 때문에 전문가의 유의가 필요하다.

|||

## 알리스, 7세

알리스는 반항적이고 제멋대로 모든 일을 지체시키며 바닥에 드러누워 소리를 지르면서 화난 감정을 표출한다.

학교에서는 관심을 독차지하려 하고, 타인의 말을 거의 듣지 않으며, 단체생활의 규칙을 지키지 않는다. 이런 태도는 무례한 행동으로 여겨질 수도 있다. 교사를 가르치려 들고, 시는 뭐 하러 배우느냐며 규칙 따위는 무시하기 때문이다.

---

[**] 부모와 자녀 사이에서 거르는 것 없이 '모든 것을 공유하고 상의해야 한다' 는 과도한 요구가 초래하는 위험, 그리고 이러한 '현대적인' 부모의 태도를 명시적으로 장려하는 '긍정 교육법' 간의 연관성은 뒤에서 언급하겠다.

2년 전부터 알리스는 자기 삶과 학교생활이 행복하지 않고, 어른 없이는 살 수 없다고 느끼며, 자신을 괴롭히는 반 친구 때문에 죽고 싶다고 한다.

아이는 자신을 함부로 대한다고 느끼는 친구들의 충동적인 행동들에 대해 불평하고(친구 동생이 자신을 때리고, 친구는 자기에게 관심을 주지 않는다는 등), 그래서 또래보다는 나이 많은 아이들과 어울리는 걸 선호한다.

아이는 생후 3개월부터 장 건강 문제를 겪고 있다. 변비가 심해져서 구토 증세를 보이기도 한다.

ⅲ

## 아르튀르, 8세

아르튀르는 심각하고도 지속적인 흥분성을 보인다. 자신에게 일어나는 모든 일이 너무 갑작스럽고 강도가 세다고 느낀다. 권위를 거부하고 전적인 자유만을 요구하며, 자기 뜻대로 되지 않으면 떼를 쓰고 짜증을 내는가 하면 어려움에 직면하는 것을 못 견뎌 한다. 예를 들어 숙제하면서 어려운 문제를 마주하면 소리를 지르기 시작하고 완벽하게 해낼 때까지 멈추지 않고 문제를 푼다. 또한 아이는 지나치게 큰 소리로 끊임없이 말하고(아이 목은 늘 잠겨있다) 시끄럽게 굴며, 도발적이고 산만하다. 습득하는 정보들을 깜빡하거나 해야 할 일인데도 내키지 않으면 잊어버리는 경우가 많다. 깔끔하지 못하고, 음식을 너무 자주 또 많이 먹는다.

또한 동물에 대해 과도하게 공감하며, 두 차례 월반(유치원과 초등학교 3학년 2학기)을 했고, 특히 방과 후 활동(축구, 기타)에서 두각을 드러낸다.

충동적인 행동으로 자신을 위험에 빠트릴 뿐 아니라(길을 건널 때 차가 오는지 확인하지 않는다) 타인을 공격하기도 한다(엄마를 붙잡아 넘어뜨리고 때린다). 이러한 공격성은 당연히 친구들과의 관계에도 악영향을 미쳐(친구를 너무 세게 껴안거나 친구를 독점하려 한다) 아이와 어른 구분 없이 사회적 관계 맺기를 어렵게 만들고 이는 사람들에게서 거부당하는 부정적인 경험으로 이어진다.

## 스스로 제어 장치를 찾아나가다

한계 설정이 잘못된 아이들은 내면에서 어렵게 억누르고 있는 공격적 충동들이 튀어나올까 봐 늘 불안해한다. 이런 아이들은 사회적 코드에 맞게 적응하기 위한 '준비'가 안 되어있다고 느끼기 때문에(권위적이고, 공격적이며, 멸시하고, 강박적인 성향), 그중 일부는 자신을 제어하기 위한 다양한 방법을 만들어낸다. 심리학에서는 이를 '충동적 갈등'이라 부르는데, 이는 아이가 감당해야 하는 이중 작업을 의미한다. 아이는 자신의 공격적 **충동**과 외부에서 충분한 개입이 이뤄지지 않기 때문에 자신의 정신 구조 내부에 스스로 만들어 내야 하는 **금지 사항**을 동시에 다뤄내야 한다. 이를 통해 아이는 자신이 원하는 만큼 최대한 잘 적응할 수 있게 된다.

- 자신을 제어하기 위해 어떤 아이는 '자동으로 자신을 배제함으로써' 모두 거부하는 쪽을 선호한다.[*] 이런 아이는 사실 집에서는 화를 아주 잘 내지만 밖에서는 충동적 갈등을 선제적으로 회피하는 경향을 보인다. 수업 중에 말하기를 거부하고(집에서는 특히나 시끄럽고 수다스럽다고 설명하는 부모가 이런 사실을 접하면 적잖이 놀란다) 학교에서 혼자 놀며 친구들과의 접촉을 피하고자 책 속으로 도피한다. 이렇게 심한 억제성은 어른과의 관계에서도 나타난다. 시선을 피하거나 불편해하는 모습, 겉으로 드러나는 무기력, 신체적 긴장, 감정을 표현하지 않고 질문에 간단하게만 답하는 태도 등이 여기에 해당된다.
- 강박의식, 요구사항, 감시, 자제력, 타인에 대한 통제력과 같은 다른 종류의 '엄격함' 또한 이러한 내적 제어 장치로 구현될 수

---

[*]  흔히 이러한 특징들은 아이의 영재성과 잘못 연관 지어지기도 한다. 이 내용은 뒤에서 언급하겠다.

  타임아웃 육아법

있다. 이처럼 저항할 수 없는 독단적인 방어물들은 한계를 교육하지 않은 부모의 빈자리를 채우게 된다.

‣ 그리고 이 충동적 갈등은 공격적인 자극과 이를 억지로 자제하려는 '육체적 긴장'으로 구현될 수도 있다. 안면의 틱 증상, 말 더듬기, 구토 공포증 등이 여기에 해당된다.

부모의 권위가 점차 세워지면 궁극적으로 아이는 어른들과의 관계에서도, 사회생활 전반적으로도 점점 유순해진다. 충동적인 행동에 대해 더 이상 불안해하지 않게 되면서 타인에게 다가가는 것이 훨씬 더 편해진다. 다른 영토들을 지배하고 싶어 하던 원초적인 욕망과 자신의 안녕에만 집중되었던 생각에서 마침내 벗어나게 되는 것이다.

## 가스통, 12.5세

중학생인 가스통은 엄마와 단둘이 산다. 외국에 사는 아빠는 방학 때만 만난다. 위로 누나가 두 명 있는데 모두 독립해서 잘 살고 있다. 아이의 엄마에게는 현재 진지한 관계를 이어가는 사람이 있지만, 같이 살지는 않고 각자 따로 지낸다. 엄마는 아주 건강하고 친절하며, 활력이 넘치고 흥미로운 사람처럼 보인다. 반면 아이는 활력이 없고, 무표정에다 생기가 없어 보인다. 엄마와는 완전히 상반된 모습이다. 내가 질문하면 그에 맞게 대답은 하지만 답이 너무 간결하다.

엄마는 아들이 아주 반항심이 강하고, 사사건건 시비를 걸고 비관적이며, 자기 말이 무조건 맞다고 우기면서 결국 자기가 하고 싶은 것만 한다고 한다. 엄마 말에 따르면 가스통은 '원래부터' 이런 모습을 보였다고 한다. 집안 분위기는 엄마와 아들 간에 존재하는 원망과 적대감으로 가득한 것처럼 보인다. 가스통은 벌써 몇 년째 포옹이나 애정 표현 등 엄마와의 신체적 접촉을 거부하고 있다.

나는 처음에는 감정을 억누르면서 생긴 우울증을 떠올렸지만, 아이의 엄마를 보면서 이 가정에 정서적 결핍이 있을 가능성은 별로 없다고 생각했다. 아이에게 행복을 느끼는 순간에 관해 물었을 때(친구를 만나거나 외출하기, 웃긴 영화 보기, 장난치기, 식당에서 메뉴 고르기) 아이의 얼굴에서 그 전에 보이던 '비관적인' 표정이 사라지는 것을 볼 수 있었다. 이는 아이가 즐거워할 줄 알고 또 바라는 것이 있다는 뜻이었다. 1차 상담을 통해 한계 설정에 문제가 있는 것으로 판단한 후 나는 아이 엄마에게 '타임아웃 솔루션'(이 책 마지막 부분에 있다)을 따르라고 권유했다. 가스통의 아빠에게도 별도로 전화를 걸어 이야기해 두었다.

　　　　　　　　　　　　　　타임아웃 육아법

6주 후 엄마는 훈육을 진행하는 게 불가능하다며 아들이 반항하고 거부해서 가정 내 분위기가 긴장 상태에 있다고 상황을 보고했다. 그 전에 전혀 경험해 보지 못한 방식이라 아이로서는 변화에 적응하는 일이 어려울 수밖에 없다. 그래도 타인과의 상호작용에 있어 고무적인 변화도 있었다. 아이의 얼굴이 좋아졌고, 대개는 울거나 하는 것마다 불평하는 모습이긴 하지만 그 전에 비해 자신을 잘 표현한다는 점은 희망적이었다. 나는 엄마가 진행하는 훈육 방식을 격려함과 동시에 상징적인 아빠의 역할을 가스통의 삶에 다시금 소환하고자 했다. 즉, 가스통이 있는 자리에서 아빠에게 전화해 1년 정도 아빠 집에서 살아보는 방법을 제안하거나, 다음에는 새아빠와 함께 진료실을 방문할 것을 권유했다.

그로부터 6주 후 세 번째 상담 시간에는 엄마가 마침내 체계적이고 확실한 방법으로 훈육 시스템을 구축하는 데 성공했으며, 가스통은 이러한 환경에 점차 익숙해지고 둘 사이의 관계도 훨씬 좋아졌다고 평가했다. 두 사람 간의 신체적 접촉도 더 편안해졌고 아이의 얼굴에서도 확실히 다양한 표정을 읽을 수 있었다. 가스통은 전보다 훨씬 말이 많아졌다. 생기를 되찾은 아이 얼굴에는 미소가 가득했다.

아이들이 그린 그림은 화려하기도 하고, 때로는 영감을 주며 여러 가지 특징을 동시에 보여준다. 먼저 이런 아이들은 불안함을 보이고 그리는 행위를 멈추고 싶어 한다. 아이가 쥔 펜이 종이 밖으로 넘어가는 경우도 다반사다. 그림을 그리는 공간이 꽉 차있고, 선을 대충 그리거나 종이에 연필을 꾹꾹 눌러 그리는 경우도 종종 볼 수 있다.

충동성은 밝은 색감, 뜨거운 열기, 빛(눈부신 태양, 불, 화산, 켜진 조명과 전구 등)으로 표현되는데, 62페이지에 있는 앙브루아즈(7.5세)의 그림이 대표적인 예다.

공격성은 대개 명백한 방식(강하게 몰아치는 비, 대형 구름, 번개, 욕설 등)으로 발산된다. 62페이지에 있는 가스통(12세)의 그림이 이에 해당된다. 가끔 성적인 상징물들을 동반하기도 한다.

힘을 상징하는 캐릭터에 대한 동일시나 이를 추구하는 마음도 아이들의 그림에서 상당히 자주 나타난다(대장, 정글의 왕, 경찰관, 소방관, 축구 영웅, 슈퍼히어로 등).

이런 아이들은 부모와 아이를 구분하지 않고 그림을 그린다. 모두 같은 키에 생김새도 같으며, 연령 차이가 없다. 에스테르(11세)의 그림이 대표적인 예다.

무지개, 종종 아주 두껍게 표현되는 집의 벽을 통해 경계에 대한 모색을 드러내기도 한다. 땅과 잔디, 하늘, 감옥, 장벽, 쇠창살, 경계, 문, 강변, 피부(문신) 등을 세심하고도 구체적으로 그린다. 로돌프(14세)의 그림이 대표적인 예다. 또는 집의 한쪽 면에 수많은 창문을 그려 넣는 것으로 내부와 외부 사이의 투과성을 과도하게 표현한다.

이런 아이들은 또한 자신의 '충동적 갈등'을 표현하기도 한다. 예를 들어 따뜻함(태양)과 차가움(눈), 위반(도둑)과 금지(경찰) 사이의 갈등을 표현하는 경우가 대표적이다.

한계 설정이 잘못된 아이들이 그린 그림에는 흔히 '격렬한' 분위기가 느껴진다.

**앙브루아즈(7.5세)의 그림**

공격성이 아주 확실하게 표현되고 가끔 성적인 상징물들을 동반하기도 한다.

**가스통(12세)의 그림**

이 그림을 보면 한계 설정이 잘못된 아이들은 등장인물 간의 나이 차이를 표현하지 않는다는 것을 알 수 있다. 부모와 아이 모두 같은 키에 생김새도 동일하다.

**에스테르(11세)의 그림**

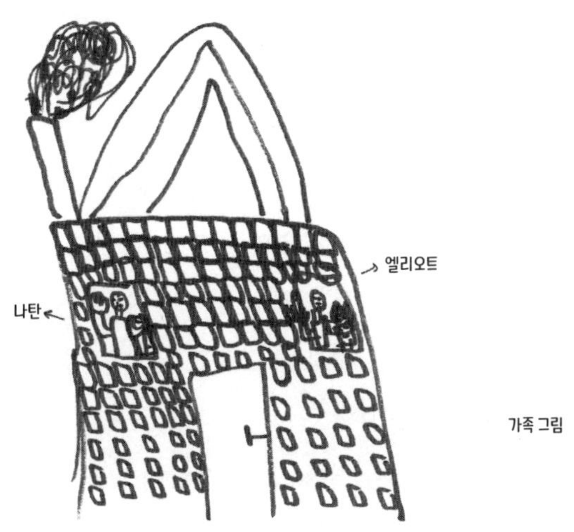



한계 설정이 부족한 아이들은 대개 집의 표면, 특히 문과 창문에 주의를 많이 기울인다. 이는 내부와 외부 사이의 지나친 투과성('모든 것이 들어오고, 모든 것이 나간다')을 상징한다.

**로돌프(14세)의 그림**

# 아이에게 한계를 알려주지 않으면
# 어떤 결과가 초래될까?

## 정서적 측면

### » 자존감, 행복, 타인과의 관계

안정적이고 건강하며, 화목하고 행복하고 활기찬 가정 속에서 완벽하게 구조화된 교육을 받으며 자란 아이인데도 자신뿐 아니라 타인에게 아주 불편하고 거북한 행동장애 증상을 보이는 경우가 있다. 이는 아이 삶에 필요한 교육의 유일한 '빈틈', 바로 한계 설정이 부족하기 때문이다.

'철이 들면서 얌전해질 거야' 또는 '사랑이 모든 걸 해결해 줄 거야'라고 굳게 믿는 부모들 대부분은 수개월간, 길게는 수년간 아이의 과잉행동들이 줄 수 있는 부수적인 피해의 심각성을 가늠하지 못한다.



타임아웃 육아법

충동적인 행동은 아이의 **자존감**에 영향을 미친다. 규칙을 어기는 아이는 어린이집이나 유치원 시절부터 주위의 모든 어른과 아이들에게 놀림을 받기 때문이다. 끊임없이 스스로를 실망스러운 존재라고 느끼는 상황에서 아이가 자신에 대해 어떻게 생각할지는 쉽게 상상할 수 있다. 더군다나 주변에서 보편적으로 그러한 분위기가 형성된다면 더욱 그렇다. 이를테면 부모, 조부모, 교사, 베이비시터가 하나같이 "아이를 도저히 감당하지 못하겠다."라거나, "아이를 못 봐주겠다."라고 말하거나, 아이와 시간을 보낸 이들이 부모에게 매번 아이를 아주 부정적으로 평가하는 경우를 생각해 볼 수 있다.

충동적인 행동은 아이의 **행복**에도 영향을 준다. 주변 사람들의 거부가 '이차적인' 정서 결핍을 유발할 수 있기 때문이다. 부모가 아이에게 계속해서 소리를 지르면, 그 순간 아이는 부모와 좋은 관계를 형성할 기회를 박탈당하게 된다. 폭군 아이 전문가 중 일부(Franck, 2017)는 이를 다음과 같이 설명한다. "아이와의 거리가 가까워질수록 부모의 두려움이 높아지고, 아이와 공유하는 것이 많을수록 폭력성은 심해진다. 아이와의 즐거운 순간은 이제 더 이상 없다. 행복한 감정들이 아이가 한 일에 대한 분노와 어쩌다 이 지경까지 왔는지에 대한 슬픔, 앞으로 어떤 일이 일어날지에 대한 두려움과 함께 너무 복합적으로 섞여있기 때문이다. 그래서 '원래라면' 긍정적이었을 순간들도 부정적인 분위기로 바뀐다. (…) 가족 관계는 조금씩 무너진다. (…) 결국 부모는 아이를 멀리하고 아이에게 무관심해진다."

게다가 한계 설정이 잘못된 아이가 모든 욕구불만을 주변에 너무 세세히 표현하면 일상에서 심각한 감정적 홍수를 유발할 수 있다. 과도한 감정 표출을 하지 못하도록 아이를 '제지하고' 아이가 다른 것에 관심을 쏟을 수 있도록 돕는 것이 부모의 역할이다. 소리를 지르면 혼난다는 걸 알면 아이는 더 이상 소리를 지르지 않을 것이고 이를 대체할 수 있는 활동, 예컨대 놀이나 독서를 생각해 낼 수 있다.

타인과의 관계라는 측면에서 보면, 이런 아이들의 삶은 불이 붙기 쉬운 성냥개비, 즉 충동적인 유혹으로 가득한 긴 여정과 같다. 흥분성을 자극하는 관계 패턴은 평생 지속되며 아이가 어른이 된 후에도 영향을 끼칠 수 있다. 아이는 주먹을 올리고 폭발하려는 자신을 제어하고, 교사들에게 마음속의 생각을 모두 드러내고 싶은 충동을 억누르고, 가장 친한 친구의 약혼녀를 유혹하는 것을 참고, 사람들이 자신에게 털어놓은 비밀을 지켜야 할 것이다. 그래서 유년기에 아이가 자신의 욕구들을 좀 더 편안하고 건강한 방식으로 포기하고 단념하는 법을 연습할 수 있게 해주는 것이 중요하다. 이렇게 좌절을 배우면서 아이는 친밀한 관계든 사회적 관계든 모든 인간관계로부터 오는 불만족을 끊임없이 맞닥뜨리는 상황을 피할 수 있을 것이다. 또한 한계를 교육하지 않은 부모로 인

 타임아웃 육아법

해 나타나는 '엄격함'(앞의 56페이지에서도 언급했다)이 자리 잡는 상황
(관계적 고립, 의식, 요구, 감시, 본인과 타인에 대한 통제)도 피할 수 있다.

장단기적으로 생기는 이런 문제들은 더 나은 교육적 한계 설정
이 이루어질 때 점차 사라지게 된다.

## » 부족한 한계 설정을 자폐로 진단할 때

오늘날 심리학자들은 교육적 한계 설정의 문제를 파악하는 데
에 어려움을 겪으며, 이로 인해 종종 아이와 가족에게 매우 해로
운 오진을 내리는 경우가 있다.

현재 의사가 자폐 스펙트럼으로 진단하기 위해서는 아래 두 가
지 증상에 의존할 수밖에 없다.[*]

‣ 의사소통 장애와 언어 발달 문제, 사회적 상호작용 감소
‣ 반복적 행동 패턴

자폐 스펙트럼은 그 범위가 매우 넓어서, 경증(자립적이고, 활발한 사
회생활이 가능하지만 고정된 관심사에 집착하고, 사회적 상호 능력이 떨어지는 면이 있
다)부터 중증(지적 장애를 보이며 언어적 소통 능력이 떨어지고 손뼉 치기, 몸 흔들

---

[*]  프랑스 최고보건청(Haute autorité de santé, HAS)이 채택한 『정신질환 진단
및 통계편람 제5판(DSM-5)』을 참고했다.

기를 하며 자신만의 세계에 갇혀 지낸다)까지의 아이들을 포함한다.

놀랍게도 특정 아동 신경심리학 상담에서 첫 번째 유형의 사례들이 점점 더 많이 목격된다.[*] 오진으로 인해 이 경증 환자들은 정확한 치료를 받지 못한다. 아이의 자폐 스펙트럼 진단은 당연히 부모에게는 말로 표현할 수 없는 엄청난 고통이기 때문에, 부모가 아이를 바라보는 시선을 극심한 불안으로 물들인다.

따라서 정체성 장애에 더 가까운 진짜 자폐 스펙트럼과 단순한 교육적 한계 부족을 명확히 구분하는 것이 중요하다. 교육적 한계 부족이 초래할 수 있는 문제는 다음과 같다.

- 사회적 관계 맺기의 어려움을 유발한다. 앞서 집에 있을 땐 분노를 제어하지 못하는 태도로 일관하면서 집 밖에서는 상당히 억제된 모습을 보이는 '충동적 갈등'에 관해 설명한 바 있는데, 이는 아이가 타인을 대하는 관계에서 예의범절의 '코드'를 갖고 있지 않기 때문이다.
- 집요한 욕구의 표현은 종종 모든 것을 극도로 인지하려는 경향과 높은 신경계 민감도와 관련이 있다. 이는 대개 감정적 또는 언

---

[*] 이런 현상은 성인에게도 나타난다. 분명히 사회적 상호 능력이 뛰어나지만, 공공장소에서 소음을 견디지 못하거나 자신의 관심 분야에 매우 깊이 몰두한다는 등의 이유로 자폐 경증 환자라고 진단받는 것이다(Dachez, 2018).

어적 제어에 대해 부모가 아이에게 교육하지 않은 것에서 비롯
된다.

III

## 폴, 6.5세

폴의 부모는 아들이 한 개인 병원의 신경심리학자로부터 아
스퍼거증후군 진단을 받은 후 정신적 충격에서 헤어나지 못
한 채 내게 상담을 요청했다. 폴은 공동생활이 즐겁지 않고
'친구들이 억지로 놀이를 하게 하고 뛰는 걸 시킨다'는 느낌
을 받는다고 말해왔다. 아이에겐 사회성이 저하된 문제가 있
었던 것이다. 반면 '일대일' 관계에서는 상대방에게 높은 관
심도를 표출하며 상반되는 모습을 보인다. 부모나 베이비시
터와는 수다스럽게 얘기하고, 밀도 있는 정서적 상호작용 역
시 이루어진다.

한편 아이는 일상생활에서 순종적이지 않은 태도를 취한
다. 아침에 옷 입기부터 저녁에 잠자리 들기까지 모든 지시에
시간을 끌며 뭉그적거리기, 식사 때마다 밥 한 숟가락으로 협
상하기, 밤에 부모 깨우기, 말 안 하고 조용히 있기를 거부하
기, 어른과의 상호작용에서 공격적이고 비꼬는 태도 보이기
등이 그 예다. 이런 반항적인 태도는 고집스러운 행동을 동반
하는데, 까다롭고 권위적인 태도를 보이고, 아빠와 친구들에

게 설교하는 듯한 말투를 사용하며, 정작 이들이 충동적으로 행동하는 것은 허용하지 않고, '일대일' 관계가 사라지면 '신경질적인 발작'까지 일으키곤 했다. 또한 폴은 우울한 모습을 보이고, 경쾌함이 부족한 아이의 일상은 불안감(죽음에 대한 걱정, 유령에 대한 공포, 누가 집에 들어와 자신이 키우는 거북이를 해칠까 봐 두려워함 등)으로 가득하다. 한편 부모는 폴이 글씨를 너무 빠르게 또는 너무 느리게 쓴다는 점에 대해서도 아주 자세히 설명했다. 담임 교사는 이에 관해 별다른 걱정을 하지 않고 있다.

상호작용 면에서 아이를 관찰한바, 아이가 잠시도 가만히 있지 못하고 지나치게 뛰어다니며(진료실을 찾은 첫날 아이는 마술을 보여주고 싶어 했다), 행실이 좋지 않다는 점(종이와 책상을 가리지 않고 낙서를 하고, 가족을 그려달라는 요청에 수많은 동물을 그리는 등)을 발견했다.

1차 상담을 통해 이 가정에 잠재적 트라우마를 일으키는 요인과 발달상의 특이점 몇 가지를 알게 되었다. 아이의 아빠는 아버지가 없는 어린 시절을 보냈고, 아이의 엄마는 아주 갈등이 많은 부모 밑에서 자랐다. 폴의 부모 둘 다 폭력적인 아버지를 두었다고 할 수 있다. 폴이 태어났을 때 폴의 아빠는 이렇게 생각했다고 한다. '이 아이를 잃을까 봐 무서워. 다치지 않도록 내가 이 아이를 보호해야 해.' 그 후 아빠는 여느 엄마에게서나 볼 법한 '모성애적인' 태도로 폴을 돌봤다. (학교에서 돌아오면 매일 같이 아이와 함께 저녁을 먹었다.) 아이에게 한순간도 눈을 떼지 않는 부모의 집중 케어는 2년 동안 지속되었고, 모유 수유는 3년 반 동안 이루어졌다. 어릴 때 폴은 친구에게 맞고도 반항하지 못하는 경우가 잦았다.

상담 중에 아이가 멈추지 못하고 소리를 너무 많이 내길래 나는 아이에게 대기실에 가 있으라고 했다. 이에 당황한 엄마는 폴에게 (아이가 요청하지도 않은) 물병과 휴지를 쥐여주며 어린애 같은 모습을 보였다.

폭력으로 얼룩진 자신들의 어린 시절을 바로잡고 싶은 마음에 폴의 부모는 자신의 아이에 대해 늘 불안해하고, 아이를 보호해야 한다는 생각에 사로잡혔을 것이다. 그리고 이러한 태도가 무의식적으로 부부 사이에 공격성이 확산되는 것 또한 막아주었을 것이다.

여러 가지 성격 테스트를 진행한 결과 폴은 완벽하게 구조화된 정신 기능을 가진 것으로 나타났다. 하지만 공격성 조절 면에서 특이한 점이 있었는데, 그림이나 이미지 검사를 통해 알아본 결과 아이에겐 공격성에 대한 인식이 전혀 없는 걸로 나왔다. 그러한 연유에서 부모가 금지하지도, 아이가 반성하지도 않게 된 것이다. 이는 아이가 인간관계란 어떠한 대립이나 갈등도 없이 이루어지는 것이라 생각하게 만들 위험이 있다. 그런데 인간관계가 가진 공격적인 측면을 제대로 인식하지 않는다면 어떻게 아이가 관계를 조율하는 데 필요한 학습을 해나갈 수 있을까?

그래서 나는 아스퍼거증후군은 배제했다. 그리고 아이가 공격성 관리에 어려움을 겪는 '단순한' 한계 설정의 문제를 갖고 있으며, 다양한 환경에서 요구하는 사항들을 준수하지 못할 뿐이라는 결론을 내렸다.

나는 부모에게 한계 설정의 문제를 가진 아이의 증상에 관해 설명했다. '사회적 코드', 즉 한계 설정이 부족해서 타인에게 침착하게 접근하지 못하고 규율을 위반하는 돌발 행동을 한다는 점, 아이가 집단에 있을 때 충동적인 행동을 할 수 있다는 점, 아이를 제지하지 않는 부모의 역할을 대신해서 아이 자신이 독단적이고 엄격한 태도를 취하고 있다는 점, 최후의 한계로서 아이가 죽음에 관해 관심을 가진다는 점, 가정 내 어른과 아이 간 경계가 모호해서 아이가 어른들로부터 충분히 보호받지 못한다고 느낀다는 점 등이 이런 아이들의 대표적인 특징이다.

아이가 먼저 집단에서 요구되는 제재를 경험할 수 있도록(예를 들어 부모가 대화할 수 있도록 아이가 말을 끊지 못하게 한다) 나는 부모에게 가족 구성원 모두가 매일 저녁 식사를 함께할 것을 제안했다. 그리고 교육적 한계 설정을 강화할 수 있는 아주 구체적인 조언으로 일시적 고립, 즉 '타임아웃'을 통해 훈육할 것을 제안했다. (책 마지막 부분에 있는 타임아웃 솔루션을 참고하길 바란다.)

## 지능적 측면

### » 주의력 장애의 몇 가지 형태들

부모라면 주의력결핍 과잉행동장애(ADHD)에 관해 들어봤을 것이다. ADHD는 명칭 그대로 흥분을 제어하지 못하고 주의력이 산만해 아이가 학습에 어려움을 겪는 증상을 의미한다. 태도와 지능적인 측면에서 발생하는 이 '자제력'에 대한 어려움은 아주 오래된 정신질환적 불안('유형 1'의 경우)부터 연애 문제처럼 당혹스럽지만 일시적으로 나타나는, 지극히 정상적인 심리적 고민들까지 다양한 요인에서 기인할 수 있다. 아동정신분석학자들은 항우울 치료와 연관된 흥분성('유형 2'의 경우)이나 한계 부족의 문제('유형 4'의 경우)가 ADHD라는 꼬리표 뒤에 가려지는 경우가 종종 있다고 지적한다(Chagnon, 2012).

이 행동장애의 이면에 '한계' 설정 문제가 있다는 게 명백해지면, 약물치료나 학교 차원에서의 대책 마련, 개별적인 도구를 활용한 재활치료처럼 근본적인 원인을 해결하지 못하는 접근법으로는 충분한 성과를 발휘할 수 없다. 그보다는 아이가 흥분을 제어할 수 있도록 더 나은 방법으로 아이를 지도하는 것이 더 바람직하다. 즉, 가정에서 부모가 교육적 변화를 구현하는 것이 중요하다.

ADHD가 한계 설정의 문제에 기반한다면 아이는 다음과 같은 증상을 보일 수 있다.

- 지적 능력은 양호하지만 정신적 흥분, 과잉행동, 구두적 불안을 보인다. (떠들기, 대화 도중 끼어들기, 교사를 자극하기, 다른 사람의 말할 기회를 빼앗기)
- 지루함을 참지 못한다. (불평하기, 훈련과 반복을 견디지 못하고 거부함)
- 과제 수행 시 집중력이 떨어지고 숙제를 시작하는 데 어려움이 있다. 자신의 무능함과 마주하기를 거부한다. (공책을 바닥에 집어 던지고, 답안지를 구기는 등 실패를 수용하지 않음)
- 심각한 주의산만과 흥분성을 보인다. (소리에 민감하고 규율을 지키지 않는 학생들을 못 견뎌 함)
- 부주의하다. (여기저기 훼손된 공책, 성급하고 대충 쓴 글씨)
- 물건을 자주 잃어버리거나 해야 할 일을 쉽게 잊는 경향이 있다. (숙제며 공책, 책 등을 챙기는 걸 잊어버리는 일이 다반사라 부모는 다른 학부모들에게 도움을 요청해야 하고, 물건이나 옷가지 등을 자주 잃어버리는가 하면, 종종 무례하고 상대방을 도발하는 등의 반항적인 기질을 보이기도 한다)

Ⅲ

## 로돌프, 10세

로돌프는 일반 학교에 갈 수 없는 행동장애 아이들을 위해 설립된 교육치료기관(Institut thérapeutique éducatif et pédagogique, ITEP)에 2년째 다니고 있다. 로돌프는 심한 흥분과 반항적인 태도를 보이고, 친구들의 공격성을 자극하고, 자신의 영웅담을 공



타임아웃 육아법

상적이고도 공포감을 주는 이야기로 과도하게 꾸며내는가 하면, 떼를 쓰면서 엄마를 찾는 등의 ADHD 증상 때문에 과거 의료심리센터(Centre médico-psychologique, CMP)에서 6년간 상담을 받은 바 있다.

세심하고 아이에게 지극정성인 로돌프의 부모가 아들에게 도움이 되는 어떠한 설명이라도 들어볼 수 있기를 바라며 기다린 것만 벌써 6년째였다. 하지만 기관에서는 병의 원인에 대한 가설은커녕 어떠한 조언도 주지 않고 '아이를 치료해 줄 테니 우리를 믿어달라'고만 하니, 아들을 일주일에 한 번씩 기관에 데려다주는 것 외에는 부모로서 할 수 있는 게 아무것도 없었다.

아이의 증상은 해를 거듭할수록 심해져서 퇴학 처분을 받기에 이르렀고(두 군데 학교로부터 퇴학 조치를 당하고 모든 방과 후 활동에서 제외되었다), 부모는 여러 의사들을 찾아 아들의 심리 검사를 의뢰하며 큰 기대를 걸 수밖에 없었다. 하지만 4년간 세 차례에 걸쳐 진행된 검사는 아이의 지적 기능들에 대한 조사로만 이루어진 것으로 드러났다. 그 검사 결과는 로돌프의 언어적 IQ 점수를 '영재성 판별 요소'로 분류할 것인지를 따져보는 보고서들에 기반했을 뿐이었다.

아이와 아이 부모를 만났을 때, 나는 지난 6년간 상담했던 '심리학 전문의' 중 누구도 로돌프 아빠(그는 상담 시간 동안 심하게 불안해하는 모습을 보였는데, 3시간 동안 진행된 1차 상담을 내내 선 채로 참여했다)의 어린 시절에 대해서도, 아들과 아빠의 평소 관계에 관해서도 물어본 적이 없었다는 사실을 알게 되었다.

그래도 다행인 건 이 정보로 인해 아이가 겪는 어려움의 원인에 대한 흥미로운 가정을 할 수 있었다는 사실이다. 로돌프의 아빠는 친부의 존재를 모르고 자랐으며 더군다나 그의 이른 죽음을 겪어야 했는데, 친부의 사망 후에도 절대 권력을 휘두르던 엄마는 아들에게 어떠한 애도 행위를 허락하지 않았다. ("남자는 우는 게 아니야.") 이런 환경에서 그에게 아버지라는 확실한 표상의 부재는 흥분과 회피 행동 등 신체적인 문제를 야기했을 뿐 아니라 자기 아들과 단단한 관계를 만드는 데도 부정적 영향을 준 것으로 보였다.

심리적 분석을 통해 한계 설정의 문제가 주요 원인이라는 것이 확실해진 후, 나는 로돌프의 부모에게 '타임아웃 솔루션'을 따르도록 주문했다. 아이 아빠에게는 앞으로 저녁 시간에 개인적인 활동에 전념하는 대신 가족과 함께 식사하고, 아이와 일주일에 한 번 둘만의 시간을 보내며, 자신도 모르게 아이에게 불안을 야기하는 행동들을 중단할 것을 권고했다. 아빠는 아이의 생각이 자신의 생각만큼이나 가치가 있고, 아빠인 자신도 아직 배울 것이 많다고 계속 말하는가 하면, 어른과 아이 간의 구분을 상징적으로 없애버리는 형이상학적 주제에 관해 이야기하곤 했던 것이다. 로돌프의 상태가 개선되는 데에는 오랜 시간이 걸리지 않았다. 로돌프는 마침내 학교를 다시 다니게 되었고, 다른 사람들과의 생활에 적응하는 평범한 아이의 삶을 되찾게 되었다.

## » 영재 아이? 과흥분성 아이?

현시대에 많이 등장하는 진단 중에는 높은 지능지수(High Intelligence Quotients, HIQ), 즉 IQ가 130 이상인 고지능자에 대한 소견이 있다. 이 신화적인 진단과 연관된 고통스러운 증상에는 '특별한 인격'이라는 꼬리표까지 붙는다.

프랑스에는 자칭 HIQ '전문가'라고 하는 일부 심리학자들이 수년간 미디어의 힘을 빌려 어떠한 과학적 입증도 없이 이 환상의 시장을 평정하고 있다(Pellissier, 2021). 이 시장은 자신의 아이가 단순히 고통스러운 증상을 겪는 게 아니라 고지능자로 여겨지길 선호하는 부모 집단의 열렬한 지지를 받고 있다.

이러한 믿음은 진료실을 찾는 아이의 전형적인 심리학적 특징들을 높은 지능지수 때문이라고 판단하게 만들면서 혼동을 초래했다. 건강한 HIQ 아동이라면 당연히 진료실을 찾아올 필요가 없기 때문이다.

그렇게 사람들은 이런 아이들이 특히나 자신의 감정에 압도당해 불공정한 것들에 대해 너무 민감하게 반응하고(Siaud-Facchin, 2008), 행동장애(Stanilewicz와 Sebire, 2018), 필기 장애 및 수면 문제(Siaud-Facchin과 Revol, 2017)를 가지고 있으며, 3분의 1이 학업 포기(Revol, 2013)와 직업 포기를 겪을 수 있고, 교우들과의 지적 능력 격차 때문에 수업 내용을 지루해하고(Adda, 2018), 영재 아동을 시기 질투하는 친구들로부터 자주 괴롭힘을 당하거나, 완벽주의 성향이 아주 강하다고 믿게 되었다. 하지만 이런 증상들은 단순히 한계 설정이 잘못된 아이들에게서도 아주 빈번하게 나타난다. 이와 같은 진단은 오늘날 아이의 고지능 여부와 관계없이 대부분의 개인 아동심리학자의 진료 상담에서 핵심적으로 다루어지는 문제다.

이 '전문가들'은 위에서 말한 '특징들'이 아이들의 높은 IQ에서 기인한다고 잘못 판단한다. 그러나 이 문제는 사실 아이들이 '통제력'에 어려움을 겪기 때문에 발생하는 것이다. 결국 이들이 내세우는 'HIQ를 입증하는 자신의 성과들'(서적, 인터뷰, 학회 발언 내용 등)은 단순히 '한계 설정의 문제가 있는 아이'를 설명하는 데에 잘못 쓰인 셈이다. 그럼 왜 이런 문제가 발생했을까? 그들이 개인 병원에서 상담받는 아이들만을 대상으로 편향적인 샘플링을 했기 때문이다.

나는 이 아이들을 대상으로 한 박사 논문 연구(Goldman, 2007a)를 진행하면서 HIQ 아동과 청소년들을 만날 수 있었다. 이들의 독특한 기능적 특성은 높은 지능(IQ 140 이상)을 제외하면 다른 어떤 심리적 요인보다도 '상담이 진행되는 장소'에 따라 다른 특징을 보이는 것으로 나타났다. 비교 대상은 13명의 아동으로 구성된 두 개의 그룹이었다. 첫 번째 표본은 아동과 청소년 전문 정신 의료 시설이 모집한 상담 대상자 13인이었는데, 이들은 종종 우울한 모습(유형 2)을 보였으며 때로는 정신질환적 양상(유형 1)을, 다시 말해 현실과의 괴리감을 겪었다. 반면 병원에서 만나지 않은 13인의 두 번째 표본에서는 심리적으로 완벽하게 건강한 아이들이 포함되어 있었고, 그로 인해 HIQ 아동의 고통과 관련된 모든 가정을 무효로 만드는 결과가 나타났다(Goldman, 2007b).

나는 심리학자로서 13년 동안 진료를 해오면서 문제 행동을 보이는 아이들 대부분에게 '행동장애를 동반한 한계 설정의 문제'가 존재한다는 것을 파악하게 되었다. 이는 내 진료실을 찾는 환자들은 물론이요, 앞서 말했던 여러 대중서의 내용과도 일맥상통한다.

이런 아이들은 특히나 심한 정신적 흥분(비판적 사고, 유머 감각, 지적 호기심, 음식에 대한 과도한 욕구, 지루함을 못 견뎌 함, 정보의 반복을 거부, 엉성한 글씨체, 수면 장애 등), 사람과 사건들로부터의 거리두기 부족(과민성, 불의에 대한 민감성, 과도한 공감), 전반적인 인지 발달을 앞당기는 호기심(독서 능력의 조기 습득, 학습 능력, 풍부하고 다양한 어휘력 발달), 한계 부족과 관련된 주제에 대한 이른 관심(예를 들어 공룡, 행성 및 죽음) 등의 특징을 갖고 있다. IQ와는 무관하게 한계 설정이 충분히 이루어지지 않는 아이들이 보이는 특징들은 이렇게나 많다.

나는 한계 설정이 잘못된 아이들과 HIQ 아동들이 정보를 습득하고 통제하려는 자신들의 갈망을 성인을 상대할 힘과 지배력을 키우는 방법으로 활용하는 것을 목격했다. 이런 아이들은 대체로 실패를 잘 수용하지 못하고, 도전적 과제에 맞서는 것을 견디지 못한다. 또한 자신의 흥분성을 통제하기 위한 유일한 방법, 즉 흥분을 담아낼 '그릇'을 찾는 방법으로써 지식을 습득하려 한다는 점을 알게 되었다. 한편 이 흥분성은 언어적 교환이나 놀이, 지능 검사 등과 같은 지적인 활동을 통해 완화되며, 그 활동을 종료하면 흥분 증상이 다시 나타나는 게 특징이다.

이러한 관찰 내용은 최근 이루어진 연구 결과와 궤를 같이한다. 일련의 연구에 따르면, 이 HIQ 아이들(심리상담을 하러 온 사람들, 즉 이론상으로 치료 과정에 있는 사람들은 제외된다)의 정신 건강은 다른 일반인들과 동일하다고 밝혀졌다. 이 결과는 무엇을 뜻하는가? HIQ와 관련된 특별한 취약성은 존재하지 않으며, 일련의 문제 행동들이 HIQ에서 기인하는 것은 더더욱 아니라는 뜻이다(Guénolé와 Baleyte, Speranza, 2018). 또한 최근 연구는 그들의 뇌가 어떠한 특이점도 보이지 않으며 일반인의 뇌와 동일하다는 점도 입증했다(Ramus, 2018). 이 아이들의 학업 및 직업적 성취도는 일반인에 비해 더 높은 것으로 드러났으나(Gauvrit et Guez, 2018), 이들의 민감성과 감수성은 다른 사람들과 동일하게 나타났던 것이다(Brasseur et Grégoire, 2018).

결론적으로 HIQ 아동들은 각자 다르며 어떤 '독자적인 그룹'을 형성하지 않는다. 이 아이들의 유일한 공통점은 이들이 '심리학 전문의'와 상담하고 도움을 요청하는 과정에서 드러나는 것처럼 심리적 고통을 겪고 있다는 사실뿐이다. 그러므로 이들의 높은 지능에 꼬리표를 붙여서는 안 되며, 이 HIQ 아동들의 증상은 진료실을 찾는 여느 다른 아이들의 증상들과 동일하게 다루어져야 한다. 그래야만 그들의 고통이 완화될 것이기 때문이다(Goldman, 2012).

이런 HIQ 아동의 케어는 일반 '검진'들과는 다르게 이루어져야 한다. 무조건 월반시키는 것을 지양하고, 과잉행동을 용인하거나 아이가 하는 질문을 거절하지 않고 무조건 답해주면서 아이의 지적 호기심을 '충족'시켜 주는 것도 피해야 한다. 고지능 아동에 대한 잘못된 접근 방법은 오랫동안 대중에게 당연한 것으로 인식되었고, 자연스럽게 수많은 의료 및 교육 분야에 침투했다. 그 결과 아이들은 진정한 치료를 받지 못한 채 방황의 길로 내몰렸으며 부모는 할 수 있는 게 아무것도 없는 무기력한 상황에 놓이게 된 것이다.

그래서 HIQ 아동이 한계 설정의 문제를 보인다면, 나는 동일한 증상이 있는 다른 아이들과 마찬가지로 부모에게 '타임아웃 솔루션'(아동과 청소년용이 각각 188페이지와 198페이지에 있다)을 따르기를 권한다.

나는 아이가 지루하다고 불평하는 것을 부모가 곧이곧대로 받아들여서는 안 된다고 생각한다. 지능 수준과 무관하게 아이들의 상당수는 학업 중에 때때로 지루함을 느끼며, 아이는 일상에서 경험하는 다른 여느 불만과 마찬가지로 이를 수용하기 마련이다. 수많은 고지능 아동들이 평범한 학업 과정을 따르고, 공상에 잠기거나 자신의 정신적인 삶에 약간은 소극적인 자세를 취하면서 별문제 없이 행복하게 살아간다. 아이가 만약 이를 수용할 수 없는 경험으로 여긴다면 아이의 IQ보다는 아이의 흥분성과 좌절감에 대

 타임아웃 육아법

한 수용력, 즉 아이가 한계 설정에 문제가 있는 건 아닌지를 질문해야 한다.



외로움 또한 마찬가지다. 우리는 쉬는 시간에 책 속에 파묻혀 시간을 보내는 아이들을 보면 또래 아이들보다 지적으로나 정신적으로 조숙해서 그렇다고 종종 잘못 생각하곤 한다. 하지만 아이가 인생에서 경험하는 좋은 인연들은 개인의 IQ와 연관이 있는 게 아니라 감정(행복)과 충동성(한계)의 자연스러운 조화에 달린 것이다. 그래서 사회적·관계적 측면에서 아이가 잘 성장하기를 기대하면서 한계 설정이 잘못된, 다시 말해 독재적이고 패배를 인정하지 못하는 HIQ 아동을 무조건 월반시키는 것은 예의범절을 가르치는 것보다 효과가 떨어지는 방법이다.

# 마르크, 8세

마르크는 1년째 심리학자와 상담 중이다. 아이는 팽이나 구슬에 과도한 집착을 보이고("아침 식사할 때부터 그 얘기만 하고, 없는 부품을 구해달라고 졸라요."), 미디어 시청을 금지하는 경우처럼 자기 뜻대로 되지 않으면 소리를 지르고, 식사 메뉴와 자신의 피곤한 몸 상태에 대해 지속적으로 투덜거리고 불평한다. 과일과 채소 먹기를 완강히 거부하고 감정 기복이 심하다. 자신의 욕구대로 쉽게 조종할 수 있는 아이들과 어울리며, 닌자들의 전투 장르 등처럼 폭력성이 강한 모바일 게임만 즐긴다. 일상생활에서 만나는 모든 지시에 뭉그적대며 시간을 끌기 때문에("뭔가를 할 때마다 최소 열 번은 반복해서 말해야 해요."), 아이 엄마는 매 순간 아이에게서 눈을 뗄 수가 없다. 한편 아이 아빠는 아이의 일상생활에서 나타나는 이런 불편한 행동을 과소평가한다. 평소 저녁 식사 시간 후에 귀가하는 아빠는 아이의 높은 IQ에만 관심을 기울이고 아이가 모든 '역량'을 펼칠 수 있도록 학업 성과에 신경을 쓰는 편이다.

결과적으로 부모는 각각 상반된 분야에서 해결책을 모색하고 있다. 엄마는 아이의 충동성을 조율해 일상에서 요구되는 사항들에 적응시킬 방법을 찾는 반면, 아빠는 아이의 인지 능력에 현실(학교)을 어떻게 좀 더 맞춰줄 수 있을지를 고민한다. 아빠는 아이 엄마가 아이를 너무 퉁명스럽게 대한다고 평가하는 반면, 엄마는 아이 아빠가 권위를 포기함으로써 교육적 부분에 대한 책임을 고스란히 혼자서만 안게 되었다며 혼란스러움을 토로한다.

강한 트라우마를 남긴 아이 아빠의 가정사(사고, 버려짐 등)에 대해 들었을 때 나는 놀라지 않았다. 그보다는 아빠가 아이의 증세를 제대로 파악하지 못하고 있으며 아들과 자신의 어린 시절을 혼동하고 있다는 사실을 그에게 이해시키는 게 더 어려웠다. (166~170페이지에서 A 아이와 B 아이가 겪는 고통을 비교한 부분을 참고하라.)

아이의 인지능력이 우수하다는 사실을 맹신하는 데 치중한 아빠는 자신이 잊고 싶은 내면의 고통과 마주하기를 피하고 있음이 명백했다. 나는 바로 아빠의 그 내면적 고통이 지금까지 아들의 운명을 결정지었다고 생각했다.

마르크의 개인 치료는 중단하고, '타임아웃 솔루션'을 치료 도구로 활용해 마르크의 부모를 지도하기 시작했다. 변화는 6개월 만에 나타났다. 마르크의 행동장애가 사라진 것이다. 아이는 얌전하고 잘 웃게 되었으며, 평온을 되찾았고 마침내 친구와의 관계에서 기쁨을 누리는 행복한 아이로 성장했다. 여전히 호기심과 생각하는 즐거움을 잃지 않은 채 말이다.

# '긍정' 교육법의 위험성

지금까지 설명한 내용을 정리해 보자. 부모들이 품게 되는 교육적인 의문에 해답을 제시하는 사조 중 하나로 '긍정 교육법 또는 자비로운 교육법'이 등장했다. 부모가 자녀에게 '사랑을 표현하는 일'을 장려하는 이 교육법이 전하는 메시지는 전반적으로 건강한 편이다. 하지만 앞서 줄곧 말했던 것처럼, 나는 이 메시지가 전혀 다른 분야인 '분노 조절에 대한 학습', 즉 교육적 한계의 측면에도 관여하려는 행보를 보임으로써 우를 범하고 있다고 생각한다.

## '내용물'과 '그릇'을 혼동하다

아이를 심리학적으로 구조화하고 행복으로 충만하게 하려면 두

가지 요소가 필요하다.

첫 번째 요소는 아이가 태어나는 순간부터 나타나며, 앞으로도 '선천적으로' 절대 사라지지 않는다. 이는 바로 아이 정신 구조의 **'내용물(contenu)'**[*]에 해당하는 것으로, 만족스러운 감각적 경험들과 애착, 신뢰, 애정의 표현, 즐거움 공유, 아이의 퇴행 지속 기간에 이뤄진 부모의 세심한 보살핌, 감정을 표현하고 경청하는 것, 웃음, 생각의 각성, 창의력, 상상력 등으로 구성된다. '내용물'은 인생에서 만나는 모든 종류의 충동과 감정을 초래하는 중요한 요소이다. 이는 향후 아이에게 자신을 보호하고, 정서적으로 안정감을 느끼고, 자존감을 높일 수 있는 견고한 토대를 현실의 만족스러운 경험을 통해 마련해 준다. 대개 우리는 어린 시절 대접받은 방식으로 스스로를 대하기 때문이다.

두 번째 요소인 '그릇'에 대해 살펴보자. 그릇을 만드는 작업은 1세부터 시작되는데, 이 작업은 앞에서 언급한 내용물에 사회적으로 적합한 형태를 제공하는 '테두리'를 만드는 일과 연관이 있다. 이는 내부와 외부 사이에 경계를 만드는 것, 다시 말해 '한계'에 대한 학습을 의미한다. 내부 세계에서 벌어지는 모든 일이 외부로 확산돼서는 안 되기 때문이다. 내면세계에서 일어나는 일을

---

[*] 여기서 '내용물'로 옮긴 'contenu'는 영어로 'content'를 가리키는 말이다. ― 옮긴이

억제할 줄 아는 것 또한 아이 본연의 특성만큼이나 중요하다. 제대로 설정되어 흔들리지 않고, 단단하며 확실한 한계는 아이에게 안정감을 주고, 아이의 보호막이 되어준다. 제대로 설정된 한계는 아이가 발산하는 사회적 매력의 대부분을 결정하며, 아이가 자신의 풍부한 '내용물'을 모두 활용할 수 있도록 도와준다. 왜냐하면 누군가가 온갖 장점을 가지고 있다고 한들 예의범절과 타인에 대한 배려를 갖추지 못한다면 그는 자신의 잠재력을 발산할 길을 절대 찾지 못할 것이기 때문이다.[*]

아이들은 한계를 갈망한다. 한계를 설정해 줄 때까지 반복적으로 부모에게 신호를 보낸다. 아이가 한계를 모색하는 일은 평생 동안 지속될 수도 있다. 한계 설정이 부족한 문제를 가진 사람은 자신의 힘이 어디까지 닿을 수 있는지를 직접 '행동으로 옮기면서' 지속적으로 질문한다. 그들의 열망 자체는 특별할 것이 없다. 사랑과 인정에 대한 갈망, 물욕, 힘에 대한 욕구, 그리고 여기에 나이가 들면 성욕과 돈에 대한 욕구가 더해진다.

단, 그들에겐 이러한 욕망이 걸러지거나 억제되지 않고 무조건

---

[*]  예를 들어 아무리 좋은 생각이라 할지라도 소리를 지르며 표현한다면 상대방에게 제대로 전달될 수 없다. 어느 특정 과목에 아주 소질이 있어도 교사를 무례하게 대한다면 선생님들의 많은 관심을 받기 어렵다. 어느 분야에 천부적인 재능이 있더라도 이를 갈고닦기 위해 노력하지 않는다면 이 재능은 제대로 발휘될 수 없다.

  타임아웃 육아법

내용물

구성:
만족스러운 감각적 경험들,
애착, 애정의 표현, 즐거움 공유, 웃음,
신뢰, 생각의 각성, 창의력 등

그릇

임무:
'내용물'에서 비롯된 아이의 정신적
활동들을 훈련하고, 아이에게
사회적으로 적합한 테두리를
제공하며, 아이가 자신을
절제하고, 일상생활에서
일어나는 작고 소소한
욕구불만을 견뎌낼 수
있게 한다.

부모의 사랑

(아이가 인생에서
만나는 모든 충동의 근원)

'행동'으로 표출된다는 특징이 있다. 이들이 욕망하는 것들은 꿈이나 내면의 환상, 점진적으로 이뤄나가야 할 계획의 영역에 머무르지 않는다. 중기적, 장기적 계획이라는 개념도 없다. 이들은 모든 것을 지금 당장, 즉시 수행하기를 원한다. '참는다'거나 '나중으로 미룬다'는 건 용납될 수 없다. 욕망에 대한 자극과 흥분, 충동들은 항상 '폭발 상태'이고, 이 욕구들은 언제라도 분출할 준비가 되어있다. 혹여 이들이 외부의 제재나 통제를 끊임없이 호소하더라도 답은 얻을 수 없다. 왜냐하면 이 제재는 어린 시절부터 교육을 통해 이미 아이의 정신 기능에 점진적으로 통합되었어야 했기 때문이다

> **참고**
>
> 아동 정신분석의 선구자인 도널드 위니코트(Donald Winnicott)는 욕구와 실행 사이에 있는 심리적 중간 단계인 '완충지대'를 가리키는 용어로 '과도기 공간(transitional space)'이라는 개념을 소개한 바 있다. 이는 충동의 즉각적인 실행을 늦출 수 있는 '내적 정신 공간'을 뜻하는 것이다. 바로 이 공간에서 실제로 어떤 행동을 실행에 옮기기 전, 머릿속의 환상이 펼쳐진다. 예를 들어 눈 앞에 있는 케이크를 먹거나 책 또는 옷을 구매하기 전에 고민하는 행위, 호감이 있는 상대와의 잠자리를 상상하는 행위 등이 이에 해당된다. 교육은 한계를 설정함으로써, 비유컨대 '무쇠 냄비'의 주철을 단단하게 만듦으로써 이 공간을 구축하는 것으로 귀결되어야 한다.

## 공격성을 부정하다

나는 '그릇'과 '내용물'의 구분을 부정하는 것이 긍정 교육법의 가장 큰 실수라고 생각한다. 긍정 교육법은 한계 설정에 대한 아이의 호소를 오로지 위로와 다정함에 대한 호소로만 해석한다. 이는 아이의 충동성이 영원히 10개월 미만 아기의 수준에 머물러있으리라는 인식, 즉 아이들이 부모의 관심과 포옹과 교감만을 갈망한다는 잘못된 인식을 암시한다.

긍정 교육법이 간과한 또 다른 점은 훈육을 무조건 길들이기나 '교육적 폭력'으로 간주해 이에 관한 모든 생각을 전면 거부하게 만든다는 것이다. 아이가 고의적으로 문제 행동을 할 때 부모가 아이에게 보내는 단호한 눈빛은 난폭하고 잔인하며 부당하고 모욕적인 매질과는 엄연히 다르다. 전자 편에 서있는 적절한 훈육은 아이에게 도움이 된다.

긍정 교육법은 아이의 심리적 현실에 전혀 맞지 않는—아이의 공격적인 본능뿐 아니라, 그 본능에 역시 공격적인 방식으로 대응하는 부모의 정당성 또한 부정하는—이 두 가지 이념적 원칙을 고수함으로써 공격성의 존재 자체를 아주 간단하게 부정하는 교묘한 속임수를 쓴다. 예컨대 소아청소년과 전문의인 카트린 게겐(Catherine Gueguen)이 본인의 저서에서 이렇게 말하는 것을 들어보라. "교육적 폭력은 처벌의 사용에만 있는 게 아니다. (…) 여기에는 신체적 또는 정신적 통제를 남용하여 특정 결과를 얻어내거나 (또는 얻어내려고 시도하거나) 아이가 무언가를 하도록(또는 하지 않도록) 강요하거나, 억지로 무언가를 말하게(또는 말하지 못하게) 하거나, 강제로 어떤 행동을 하게(또는 하지 못하게) 만드는 것까지 포함된다.”

이에 더해 프랑스에서 긍정 교육법의 대표 학자로 꼽히는 이자벨 필리오자(Isabelle Filliozat)*는 “오늘날까지도 아이들의 격렬한 분노가 지속되고 있는 건, 부모의 권위가 사라져서가 아니라 아이들이 과거보다 더 스트레스가 심한 환경에 노출되어 있기 때문이다.”라고 설명한다. 또한 격렬한 분노를 표하는 아이는 없고, 자신이 느끼는 '감정의 소용돌이'를 고맙게도 부모와 공유하려는 아이들만 있을 뿐이라고 말한다. 그리고 이는 곧 '활력이 넘치는 아이'라는 뜻이니 부모가 기뻐해야 할 일이라고 주장한다.

이자벨 필리오자는 한 TV 프로그램에 나와서 “화풀이는 스트레스 해소일 뿐 진짜 화가 아니다.”라고 말한 바 있다. 그녀는 또한 자신이 13세 때 엄마의 뺨을 때린 적이 있다고 고백하며 이는 어떠한 공격성도 없는 단순히 '반사적인' 행동이었을 거라고 이야

---

* 긍정 교육법을 대표하는 이들은 대부분 아동심리학이나 아동정신의학을 전문적으로 공부하지 않은 비학위 심리치료사, 소아청소년과 전문의, 부모 등이라는 사실을 명심해야 한다. 그래서 이들이 말하는 정신 구조의 구체적인 요소들과 이들이 권장하는 조언들은 공중보건에 부정적인 결과를 초래할 수 있다.

기한다. 그리고 마트에서 소리를 지르며 사탕을 사달라고 떼를 쓰는 아이의 행위가 정말로 사탕을 획득하려는 욕구의 신호가 아니라, 자신을 둘러싼 진열대 속에서 자기가 잘 아는 '기준점'을 찾는 행동으로 봐야 한다고 말한다.

저명한 아동정신의학자이자『아이와의 전쟁에서 어떻게 생존할 것인가? 긍정적 양육이 당신에게 알려주지 않은 것들(Comment survivre à ses enfants?: Ce que la parentalité positive ne vous a pas dit)』의 저자인 파트릭 벤 수쌍(Patrick Ben Soussan) 박사는 이를 두고 "어떻게 그토록 잘못된 정보를 말할 수 있는가? 누구 하나 그에 관한 사실 여부를 확인하지 않다니 놀랄 일이다."라며 개탄했다.

> **참고**
>
> 저널리스트 베아트리스 카메레르(Béatrice Kammerer)는 긍정 교육법이 "가장 취약한 위치에 있는 부모들을 너무 자주 비난하고, 엄마의 정신적 부담을 가중"하는 게 아닌지 의문을 제기하기 시작했다. 네 명의 자녀를 둔 아녜스 라베(Agnès Labbé)는 자신의 책에서 긍정적 양육이 극찬하는 방법들이 얼마나 비효과적인지, 긍정적 교육법의 원칙을 버리고 '상식을 따르는 것'이 자녀 양육에 어떻게 도움이 되었는지를 유머러스하게 고발한다.

카트린 게겐은 자신이 생각하는 행복한 아이의 정의를 이렇게 내린 바 있다. "아이는 자신의 감정을 소란스럽게 표현한다. 너무 시끄럽게 웃고, 기분이 상하면 바로 울어버린다. '이성적'이지 않다. (…) 어린아이라면 당연히 갖고 태어난 이 모든 특징은 수많은 어른을 당황하게 만든다. 아이는 자고로 얌전해야 하고, 여기저기 돌아다니지 않고 가만히 있어야 하며, 조용히 앉아있을 줄 알고, 지시를 따르고, 청결에 신경을 쓰고, 주변을 깨끗하게 정리·정돈하고, 밥투정을 하지 않고, 반항하지 않으며, 제시간에 맞춰 잠자리에 들어야 한다. 한마디로 말한다면… 어른은 아이에게 더 이상 아이가 아닐 것을 기대한다. (…) 폭군 아이에 대한 이미지, 부모를 지배하는 아이가 위험하다는 주장은 터무니없는 얘기다. 왜냐하면 힘을 휘두를 수 있는 모든 도구를 가진 주체는 다름 아닌 어른이기 때문이다. 어른은 그 도구를 너무나 쉽게, 때로는 지나치게 활용해 아이에게 지시를 따르게 하고, 어른이 원할 때, 어른이 원하는 대로 아이가 행동하도록 강요한다."

눈으로 보고도 믿기 어려운 대목이다. 이 글을 읽은 몇몇 부모는 얌전한 아이는 불행한 아이이며, 폭군 아이라는 건 존재하지 않는다고 생각할지도 모른다. 일상 속 부모가 겪는 현실과 전문가들이 분석한(Chartier, 2002 ; Franck와 Omer, 2017) 아이의 심리를 철저히 무시한다면, 그렇게 생각할 수도 있다.

나뿐만이 아니라 아동정신의학 분야의 전문가 다수는 긍정 교육법을 따르는 일부 부모가 내면의 갈등을 부인함으로써 발생하는 심리적 영향을 염려한다.

파트릭 벤 수쌍은 다음과 같이 설명한다. "아이를 양육한다는 건 간단한 일이 아니다. 아이 양육이 쉽다고 한다면 그건 분명 거짓말이다. 아이를 키우는 건 예측 불가능하고 통제할 수 없을 때가 많다. 이에 반대하는 이가 있다면 그들은 거짓말을 하고 있는 것이다. 평화로운 육아를 할 수 있다고 믿게 하는 자들은 거짓말쟁이다. (…) 부모가 된 순간 당신이 상처와 의심과 모순으로 점철된, 고통스러운 상황에 직면할 것이라고 경고하지 않는 이들은 모두 위선자다. 이 문제를 단순화하는 데 너무 에너지를 낭비하지 말라. 쓸데없는 일이다. 아이 양육은 본래 어려운 일이며, (…) 합리적인 게 아니다."

아동 발달에 관한 다수의 저서를 집필한 아동심리학자 클로드 알모(Claude Halmos)는 분노나 욕구불만, 두려움 같은 부정적인 감정들이 오히려 중요한 역할을 할 수 있다고 조언한다. 부정적인 감정들은 긍정 교육법을 지지하는 부모들이 상상하는 것처럼 '해로운' 것이 아니다. "긍정 교육법을 지지하는 부모들은 자신이 꿈꾸는 훌륭한 아이에 대한 환상을 갖고 있다. 그런데 우리는 교육의 목표가 그저 훌륭한 아이를 만드는 게 아니라, 앞으로 그가 맞이할 인생에 대비해 아이를 준비시키는 것이라는 사실을 쉽게 잊곤 한다. 아이가 행복하기 위해서는 틀이 필요하다. 그 틀을 만들어주기 위한 갈등에는 어떠한 악의도 담겨있지 않다. (…) 부모는 한 가지 중요한 사실을 마음에 새기며 스스로를 믿을 수 있으면 된다. 즉, 사랑을 받는 아이는 자신이 사랑받는 아이라는 것을 가슴 깊숙이 느낄 수 있다는 사실이 그것이다. 아이는 아이를 학대하는 부모와 기분이 언짢은 부모를 절대 혼동하지 않는다."(Halmos, 2018)

네케르 병원 아동정신의학과 과장인 베르나르 골스(Bernard Golse) 교수도 '부정적 감정에 대한 변호', 즉 육아에 반드시 따라올 수밖에 없는 불만족과 갈등에 관해 글을 쓴 바 있다. "이 세상의 모든 양육은 사랑과 증오, 양가감정*으로 이루어져 있다. 증오나 양가감정이 무의식적으로 생긴다면, 사랑은 의식적으로 생겨나는 것이다. (그 사랑의 근원과 깊은 동기는 여기서 다루지 않겠다.) (…) 긍정적 교육법은 마치 육아에 증오와 양가감정이 존재하지 않는 듯한 태도를 취한다."

아동정신분석학은 아이의 아름답지만은 않은 정신세계의 본능적 현실을 당연히 인정한다. 그리고 이 현실을 부정할 생각도 전혀 없다. 오히려 아이가 이 현실을 다른 방향으로 이끌어가면서 자신의 인격을 고양하는 데 유용한 형태로 활용하길 독려한다. 1932년 프로이트는 '인간은 왜 전쟁을 하는가?'라는 화두로 아인슈타인과 주고받은 서신에서 이렇게 말했다. "우리의 내면에는 증오와 파괴의 욕구가 존재한다. (…) 인간의 공격 본능을 없애려는

---

* 사랑과 공격성이 혼합된 이 양가감정은 애착 관계에 예외 없이 등장한다. 믿기 어렵겠지만, 수줍음 많은 젊은 연인 간의 서툰 사랑이나 엄마가 갓난아기에게 느끼는 감정도 여기에 포함된다.

　타임아웃 육아법

건 무모한 짓이다." 왜냐하면 우리의 풍부한 영감은 종종 과거의 쓰라린 상처와 복수심에서 오기 때문이다!

프로이트는 교육이 이 현실을 부정하기보단 이러한 공격 본성의 방향을 전환하는 데 초점을 맞춰야 한다고 분석했다. "교육은 이 풍부한 동인들이 더욱 풍성해지도록 돌보고, 이 에너지가 올바른 방향으로 향할 수 있는 과정을 촉진하도록 해야 한다." 이것이 바로 프로이트가 제시한 '승화(sublimation)'의 개념이다. 우리는 일상적인 아동 교육에서 이를 격려할 수 있는 구체적인 방법을 162페이지에서 더 자세히 살펴볼 것이다.

## 어른과 아이를 구분하지 않는다

프랑스의 부모 협회인 'Parentel'의 회장 및 교수로 활동하는 임상 심리학자 다니엘 쿰(Daniel Coum) 역시 "긍정 교육법의 보이지 않는 폭력"에 주목한다. 그는 이 교육법이 "교육의 대상이 되어야 하는 아이를 양육 '파트너'로 여기면서 (…) 부모와 자녀 간의 관계에서 반드시 수립되어야 하는 위계를 무시하는 경향이 있다."라고 지적한다.

최근 긍정 교육법은 아이가 일상에서 흔히 겪는 상황에 어른을 대입시키는 그림으로 주목을 받기도 했다. 이 그림에서 어른들은 꾸지람을 듣거나, 욕조에서 쫓겨나고, 장난감을 다른 아이에게 억지로 빌려주거나, 집을 찾아온 손님에게 작별 인사할 것을 강요받는다. 어른이라면 용인하지 않을 요구사항들을 부모가 아이에게 강요한다는 걸 보여줄 목적이었다.

물론 이 그림의 일부 장면은 올바른 메시지를 전달하기도 한다. 예컨대 침대 위에서 울고 있는 아이를 달래지 않고 혼자 내버려두면 안 되고, 부모가 아이한테 손찌검하면서 아이에게 사람을 때려서는 안 된다고 훈계하진 말아야 한다. 식사 자리에서 밥을 억지로 다 먹도록 강요해서는 안 되며, 학교 성적이 나쁘다고 아이를 벌해서는 안 된다고 한다.

그런데 이 그림은 여기서 그치지 않는다. 아이와 어른이 동일한 성숙도를 지녔다고 보고, 부모의 모든 권위를 '권한의 남용'과 동일시하는, 완전히 어처구니없는 장면들*도 있다. 이는 어른이 아이의 현실을 구조적으로 형성하는 일 자체를 부정하는 것과도 같

---

* 파니 벨라(Fanny Vella)의 그림을 예로 들면, 고용주로부터 직장에서 남편의 업무 성과가 낮다는 전화를 받은 아내가 남편에게 방에서 반성하라며 벌을 주는 장면, 친절하게 행동해야 한다며 모르는 사람에게 자신의 자동차를 빌려줄 것을 강요받는 남편의 모습, 편안하게 목욕을 즐기고 있는 남편을 욕조에서 나오라고 재촉하며 억지로 끌어내는 장면, 한 남성이 가게에서 뽀뽀 공격을 당하고 볼을 만지는 두 여성에게 둘러싸여 난처해하는 장면 등이 있다. (www.facebook.com/fannyvellaillustratrice)

　　　　　　　　　　　　　타임아웃 육아법

다. 즉, '교육'의 정의를 부정하는 것이다! 이에 관해 다니엘 쿰은 이렇게 질문한다. "'파트너'로서의 아이란 아이를 조기에 어른으로 간주하겠다는 의미 아닌가? (…) 아이에게 스스로 자신의 감정 관리를 책임지라고 요청함으로써 (이 어른들은) 아이들 고유의 특징, 즉 미성숙함과 타인에 대한 의존성을 부정한다. 아이다움을 무시하는 것은 아이들의 현실에 폭력을 가하는 것과도 같다. (…) 아이에 대한 권한이 어른에게 있다고 해서 반드시 권력을 남용하는 일이 발생하는 건 아니다. 이 권한에 아이가 맞설 수 없다고 해서 학대가 일어나는 것 또한 아니다. 이는 단순히 아이라는 존재의 무력함을 보여주는 것이고, 그러므로 어른이 권한을 행사해 아이를 책임져야 한다는 사실을 확인시켜 줄 뿐이다. 단, 이 권한의 사용은 절제된 방식으로, 다시 말해 제한적으로 행사되어야 한다."

로잔느 대학병원 가정학대센터의 의사 알레산드라 뒥 마우드(Alessandra Duc Marwood)에 따르면, 긍정 교육법의 시각은 완전히 잘못된 방향으로 해석될 수 있다. "그렇다. 아이도 한 명의 사람이다. 그런데 아이의 권리를 인정하는 것과 아이가 성인과 같은 지식과 사고력을 갖고 있다고 말하는 것에는 차이가 있다. 후자처럼 생각하는 것은 결국 폭력적인 것이다. 왜냐하면 아이는 보호자인 어른에게 의지할 수 있어야 하기 때문이다. 아이를 어른과 똑같이 여기는 것 또한 폭력적이다. (…) 갓난아기가 아무리 똑똑하고 현명하다 할지라도 어린이처럼 행동할 수는 없다. (…) 아이는 분

별력이 부족한 경우가 많으므로 가끔은 권위의 도움을 받아야 한다."(Poinsot, 2019)

그래서 전문가들은 부모와 자녀 간의 관계에서 '공격성'을 사라지게 만들고자 하는 관념적·이념적 접근이 오히려 폭력을 초래할 수 있음을 명시적으로 지적하고 있다. 다니엘 쿰에 따르면, 시간이 흐르면서 "가정이나 학교에서 아이의 위치는 현저하게 개선되었다. 하지만 지나치면 오히려 해가 되는 법이다. '아이들의 자유'라는 개념은 어른들의 환상에 불과하다. 모든 자유를 누리게 되면 아이들은 최악에 상황에 놓이게 될 것이다. 아이를 어른에게 복종시키는 게 아니라, 아이에게 규칙을 확립하도록 가르치는 것은 필수적이라는 의미이다." 그럼에도 불구하고 "긍정 교육법은 왕처럼 군림하는 아이의 온상이 되었다. (…) 자신에게 주어진 권력을 구조적으로 사용할 수 있는 능력이 없는 탓에 아이는 안하무인으로 행동하게 된 것이다."(Coum, 2019)


## 적용 방식의 효과성에 대한 의문


무엇보다도 긍정 교육법은 과거의 교육적 폭력과 일상적인 폭력들에 맞서 싸우기 위한 양육의 한 방식이다. 그에 따라 긍정 교육법은 모든 형태의 억압을 규탄하면서 부모가 하지 말아야 할 행위

 타임아웃 육아법

들을 열거한다.[*] 하지만 이 교육법은 아쉽게도 교육적 폭력들을 대신할 방법을 제시하는 데에는 유난히 소극적인 태도를 보인다.

그나마 긍정 교육법은 아이가 반항하면 "아이를 안아주고, 물 한 잔을 권한 후, 아이와 함께 달리기처럼 육체적 활동을 해볼 것"을 조언한다(Filliozat, 2017). 이는 의기소침해 있는 아이에는 확실히 효과적인 방법이겠지만(29페이지의 '유형 2' 참조), 정신 건강이 양호하면서 부모가 자신의 한계를 설정해 주기를 호소하고 있을 뿐인 아이에게는 절대 먹히지 않는 방법이다.[**]

긍정 교육법은 어떤 경우에라도 훈육은 용납할 수 없다는 강박적인 사고에 집착하면서, 아이의 행동이 부모의 행복에 끼치는 감정적 영향을 아이에게 전가하도록 유도한다. ("네가 그러면 엄마는 너무

---

[*] 이자벨 필리오자는 이를 아주 기이한 방식으로 설명하는데, 예컨대 아이가 누구를 때리면 "그래서는 안 된다."라고 말하지 말라고 한다. 그렇게 하면 아이가 그 말을 "때려!"라고 이해한다는 것이다. 마찬가지로 우는 아이를 보고 울지 말라고 말해서도 안 된다고 주장한다!

[**] 이는 지극히 지엽적이고 일시적인 해결책이다. 이런 아이들에게 '반항 문제를 포용으로 해결'하는 방법을 그대로 적용한 부모들의 얘기를 들어보면, 아이가 욕구불만을 표출할 때 포옹이나 쪽쪽이의 도움 없이는 제어할 수가 없었으며, 생후 늦은 나이까지 이런 상황이 지속되다 보니 학교나 단체생활을 할 때 문제가 될 수밖에 없었다고 전한다. 이 아이들이 외부 세계의 '코드'에 적응하기 위해선 반항에 대한 충동과 퇴행 행동의 부적합한 연결고리를 끊어내야만 했다.

슬퍼.") 이 방법은 아이를 착하고 얌전한 아이로 만들기는커녕 지나친 걱정('엄마가 이걸 못 하게 해서 속상하고, 내가 이렇게 반응해서 엄마도 속상하겠지' 등)과 죄책감의 원천인 '감정 휘둘림'[*] 속에 아이를 빠뜨릴 수 있다. 왜냐하면 아이에게는 자신이 사랑하는 이들의 행복을 해치려 했다는 수치심에서 벗어날 심리적인 수단이 전혀 없기 때문이다.

## 죄책감, 마케팅, 그리고 신경과학

클로드 알모는 긍정 교육법이 상업적 목적으로 삶의 달콤한 부분만을 소개한다고 거침없이 단언한다. "부모의 죄책감은 하나의 시장이다. 육아 서적을 판매하고 육아에 관한 워크숍 등록자를 모집하기 위해 혈안이 되어있는 이들이 부모의 마음을 사로잡기 위해 노력할 뿐이다." 다니엘 쿰도 긍정 교육법이 야기하는 부모들의 '자발적 노예 상태'와 '실패했을 때 갖는 죄책감'을 비판하며 "잘못된 치료법은 때때로 병보다 더 나쁠 수 있다"라고 지적한다.

---

[*]  '감정 휘둘림'의 개념은 한계 설정 문제의 전형적인 '단서들' 중 하나로 앞에서 언급한 바 있다(52페이지). 이에 관해서는 뒷부분에 나오는 「타임아웃 훈육 Q&A」와 아이가 갖는 죄책감의 위험성을 설명하는 장(153페이지)에서 다시 살펴볼 예정이다.



타임아웃 육아법

사회학자인 에바 일루즈(Eva Illouz)와 에드가르 카바나스(Edgar Cabanas)는 공동 집필한 저서 『해피크라시』에서 이렇게 설명한다. "우리가 행복 전도사들을 의심해야 하는 확실한 이유는 그들이 끊임없이 우리에게 행복의 열쇠를 건네주겠다고 말하지만, 이 열쇠는 어디에서도 찾을 수 없으며 앞으로도 영원히 찾아낼 수 없을 것이기 때문이다. 행복 전도사들의 조언을 통해 구체적인 혜택을 받은 사람이 정확히 얼마인지는 알 수 없는 반면, 긍정심리학자, 행복경제학자, 자기계발 전문가들은 행복을 전도하는 이 활동으로 막대한 수익을 냈고, 앞으로도 계속 막대한 수익을 낼 것이다."

이자벨 필리오자와 카트린 게겐은 교육적 훈육에 대한 자신의 반대 의사를 표명하기 위해 종종 신경과학적 '증거들'을 과학성의 근거로 내세우는데, 이에 대해 신경심리학자 레오나르 바네첼(Léonard Vannetzel)은 이렇게 말한다. "'신경'이라는 접두어가 마치 과학적 가치를 입증하는 막강한 논거이자 뇌과학이라는 하나의 라벨로 간주되면서 유행하기 시작했다. (…) 신경과학 자체로는 어떤 방법이나 기술을 검증할 수 없다. '하물며' 교육학에서는 더욱 그렇다. 신경과학이 무언가를 '검증한다'거나 '무효화한다'라는 생각은 대개 착각이며 이는 때로는 편승효과, 또는 마케팅 논리에 불과하다. 사실 신경과학은 인지심리학과 실험심리학, 심리측정학 등과 같이 다른 학문의 결과와 함께 교차 검증을 해야 하는 과학적 심리학의 한 영역(일 뿐)이다. 그래서 신경과학 그 자체로 무언가를 검증할 수 있는 건 아니다."

벤 수쌍은 이에 동의하며 "신경과학에 대한 대중의 맹목적인 관심"을 규탄한다. 그는 "그래서 대부분의 비전문가는 신경과학적 사실들에 근거한 이론들을 더 쉽게 수용한다. 마치 이 이론들이 더 많은 가치를 갖고 있는 것처럼 말이다(Skolnick Weisberg, 2008). 일종의 '플라시보(placebo)'와도 같은 이 불필요한 정보는 우리의 행동에 영향을 미치고, 연구 결과를 잘못 해석하게 하거나 잘못된 이론의 탄생 및 확산을 유발하는 일종의 '신경 신화(neuromyths, 뇌와 신경의 기능에 대한 잘못된 통념)'을 야기할 수 있다. (⋯) 긍정 교육법을 지지하는 부모들과 이를 부추기는 이들은 대개 신경과학 애호가들로, 그들 사이에는 신경 신화가 성행하고 있다."라고 설명한다.

벤 수쌍은 긍정적 양육의 대대적인 확산 원인으로 "우리 생활에 깊숙이 관여하고 있는 인터넷과 소셜미디어"를 꼽으며 이렇게 덧붙인다. "사람들은 거짓과 진실의 경계를 구분하는 데에 무감각해진다. 온라인상에는 사실로 검증된 정보들이 날조된 허위 정보, 말도 안 되는 헛소리와 뒤섞여 있다. 사실 여부가 확인되지 않은 정보가 공유되고, 소셜미디어는 허위 정보나 거짓 정보의 확산을 부추긴다."

파스퇴르 연구소(Institut Pasteur)의 신경생물학자 카트린 비달(Catherine Vidal)은 "우리의 모든 행동을 생물학적으로 단순하게 설명하는 평면적인 이론들이 성공하는 이유는 결국 그 단순함이 우

 타임아웃 육아법

리를 안심시킨다는 사실에서 기인한다."라고 설명한다. "이는 곧 사람들이 자신의 행위에 대해 책임감을 덜 느껴도 된다고 착각하게 만들기 때문"이라는 것이다.

책 후반부에서 타임아웃 솔루션을 제안받은 부모가 자주 하는 질문에 대한 답변을 살펴보며, 긍정 교육법에 관한 일부 비평을 다시 다루도록 하겠다. (143페이지 참조)

# 2장

# 타임아웃 솔루션,
# 어떻게 활용할 것인가

# 로드맵: 사용 설명서

진료실을 찾은 아이가 한계 설정의 문제를 겪고 있다고 판단되면 나는 아이 부모에게 내가 만든 '솔루션'을 보여주고 함께 큰 소리로 읽어본다. (1~11세 아이는 188페이지, 11세 이상 청소년의 경우는 198페이지를 참조하라.)

아이가 심리학자에게 진료를 받은 적이 없더라도 아이의 흥분성을 제어하고 싶은 부모라면, 1~3세의 유아부터 조금 더 큰 아이까지 '모든' 아이들에게 이 솔루션을 적용할 수 있다.

단, 이 부분을 한 번 더 짚고 넘어가도록 하자. 아이는 각자 다 다르고, 동일한 증상이라 하더라도 다양한 심리적 충동을 감추고 있을 수 있으며, 궁극적으로 아이의 문제가 우울증('유형 2'의 경우)이나 정신질환('유형 1'의 경우)의 문제가 아니라 한계 부족의 문제('유형 4'의 경우)라는 점을 확실히 해두는 게 중요하다. 왜냐하면 아이가 부적합한 치료를 받게 되면 이는 별 소득 없는 치료가 될뿐더러, 심각한 문제를 초래해 상황을 오히려 악화시킬 우려가 있기 때문이다. (실제로 우울증이나 정신질환을 앓는 아이를 격리해 다른 공간에 두는 훈육 방식은 아이에게 심각한 악영향을 끼칠 수 있다.)

## 문제 행동

---

### 1세부터 금지해야 하는 행동 예시들

- ☑ 지나치게 말을 많이 하기, 큰 소리로 말하기, 소리 지르기, 대화 중 말 끊기, 시끄럽게 소리 내기(식탁, 공공장소 등)
- ☑ 징징대기: 사소한 일에 짜증 내기, 모든 것에 불평하기, 불만 표출하기
- ☑ 지시를 따르지 않거나 시간을 끌며 뭉그적거리기(양치하기, 옷 입기, 장난감 정리하기, 숙제하기, TV나 태블릿 등 전자기기 끄기와 잠자리 들기를 거부하는 행동 등)
- ☑ 타인에 대한 존중과 배려의 부족(인사나 감사 인사 거부하기, 친구에게 물건 빌려주지 않기, 4세 이상인데도 식사 자리에서 트림하기, 패배를 인정하지 않기, 공책 등 자신의 물건이나 주변을 훼손하거나 정리하지 않기 등)
- ☑ 부모나 형제자매, 또는 친구들을 향한 거친 말, 욕설, 도둑질, 폭력뿐 아니라 부적절한 말투, 무시하는 태도, 무례한 과잉행동, 부당한 비난으로 협박하기, 부모에게 원하는 것을 집요하게 요구하거나(물건을 사달라고 떼쓰기) 감정을 도구로 폭군처럼 행동하기 등(과도하게 반응하거나 심한 감정 기복 표출, 예를 들어 "엄마 아빠는 날 사랑하지 않아!"라며 자신을 피해자로 표현하기)



타임아웃 육아법

☑ 식사 도중 자리 뜨기, 그날 준비된 주메뉴를 안 먹겠다며 다른 걸 달라고 하기
☑ 1세 무렵: 식사 자리에서 밥그릇과 숟가락 집어 던지기, 오븐의 다이얼 가지고 놀기, 식탁보 잡아당기기, 리모컨 낚아채기, 냉장고 문 열기 등

**※ 책 뒷부분에 나오는 아동용 솔루션을 참조하라**

## 마인드셋

어떤 상황에서도 아이가 어긴 규칙이 그 아이를 정의할 수 없다는 점을 기억해라. 태어날 때부터 '감당하기 어려운' 또는 '지시를 따르지 않는' 아이는 없다. 근본적으로 모두 얌전하고 '착한' 아이, 순하고 사회적으로 잘 적응하며 사람들이 좋아하는 아이가 되고 싶어 한다. 아이는 그저 '아이의 일'을 하고, 아이가 성장하는 데 필요한 한계를 부모가 설정해 주기를 바랄 뿐이다. 이는 보편적이고도 지극히 정상적인 발달 과정이다. 이제는 부모가 부모의 몫을 할 차례다. 이 과정을 거친 후 아이는 다음 단계로 성장할 것이다.

**※ 책 뒷부분에 나오는 청소년용 솔루션을 참조하라**

이 솔루션을 마주한 부모는 아이가 반항하는 행동이 보편적이고 전형적이라는 점을 깨닫게 된다. 아침마다 양치질과 옷 입기에 시간을 끌며 뭉그적거리고 1시간 동안 만화영화를 보여준 뒤 TV를 끄라고 하거나 장난감을 사주지 않을 때 싫은 감정을 내색하는 것은 내면의 깊은 불만 때문이 아니라 아이가 자신의 한계를 찾으려

는 시도라는 점도 이해하게 된다.

그래서 이 부모들에게는 끊임없이 계속되는 아이의 불평("엄마, 잔디 위에 있는 개미가 내 다리 옆으로 지나가고 있어!", "아빠가 나 낮잠 자고 나면 같이 수영장에 간다고 했는데, 아빠 먼저 갔어!", "이 과자 간식으로 먹기 싫어." 등등)을 너무 심각하게 받아들이지 않는 법을 가르쳐야 한다. 그러지 않으면 부모는 끊임없이 아이와 협상하고 이유를 설명하려고 노력해야 할 것이다. 오해는 바로 여기서 생긴다. 우리가 생각하기에 사소한 상황들에서 아이가 불평하는 것은 (계속 변하는) 표면적인 이유 때문이 아니다. 자신이 겪고 있는 공격성의 충동 속에서 자신을 멈추고 제어해 달라고 아이가 부모에게 호소하는 것이다. 엄마가 개미들로부터 자기를 구해주고, 아빠가 자기보다 먼저 수영장에 들어가지 않고, 엄마 아빠가 자신이 좋아하는 음식을 해주는 게 아이가 '진정으로' 원하는 게 아니라는 뜻이다.

아이는 그저 부모가 한계를 설정해 주기를 바라는 것뿐이다. 더도 말고 덜도 말고 단호한 딱 한마디, "불평 그만해. 방에 잠시 들어가 있어. 엄마가 찾으러 갈 거야."면 충분하다. 잠깐은 아이가 흥분하겠지만, 이 한마디를 통해 결국엔 즐거운 하루를 보낼 수 있을 것이다. 한계를 찾던 아이에게 부모가 적절히 반응하여 아주 훌륭하게 임무를 완수해 낸 셈이다.

아이가 지시를 어기면, 부모는 '아이가 한계를 설정해 달라고 요청하고 있구나'라고 해석하면 된다. 아이는 아이답게 '아이의 할 일'을 하고 부모는 아이에게 한계를 설정해 주는 '부모의 할 일'을 하는 것이다.

## 부모의 태도

- 때리지 않는다. 폭력으로 위협하지 않는다. 소리 지르지 않는다. (아이의 공격성을 더욱 자극해 역효과를 낼 수 있다. 아이에게는 통제력을 배우라고 요구하면서 부모가 아이 앞에서 통제력을 잃은 모습을 보여줘서는 안 된다.)
- 지키지 못할 말을 경솔하게 내뱉지 않는다. (부모가 하는 말이 신용을 잃게 된다.)
- 아이의 자기애를 다치게 하지 말라. ("너를 정말 감당할 수가 없어, 너 때문에 너무 피곤해.") 이런 언행은 무의미하고 부당하다. 아이는 부모가 내어준 공간을 차지하거나, 그저 부모의 충동적인 행동에 반응하고 있을 뿐이다. 오히려 부모는 아이의 자존감 형성을 적극적으로 도와줘야 하는 사람이다.

**※ 책 뒷부분에 나오는 청소년용 솔루션을 참조하라**

이 솔루션을 읽으면 부모는 그동안 범했던 '양육 방식의' 모든 실수를 알게 된다. 부모 중 상당수는 자신이 아주 권위적인 부모라고 생각했겠지만 사실은 끊임없이 아이에게 소리를 질렀을 뿐이라는 점을 깨닫게 된다. 그 방법으로는 절대 아이가 지시를 따르게 할 수 없고, 이는 오히려 아이의 흥분을 가중하는 결과를 초래한다. 그리고 자신이 아이를 지치게 하고 결국 아무런 소득도 얻지 못하는 끝없는 정당화와 변명에 매달렸음을 인정하게 된다. 체벌한 적이 있다고 시인하는 부모도 있는데, 체벌은 아이를 폭력적으로 만들 뿐이다. 이런 방식은 아이의 충동 완화에 전혀 도움이 되지 않는다. 오히려 충동을 지속시킬 뿐이며 이는 가정불화의 반복이라는 악순환으로 연결되기 쉽다. 더욱이 아이의 이런 행동은 형제자매 또는 교사와 학교 친구들을 포함하는 사회적 관계에까지 확대될 수 있다.

아이를 훈육할 때 어조는 중요한 역할을 한다. 부모는 단호하지만 동시에 차분한 태도를 보여야 한다. 절대로 당황해서는 안 되며 담담한 모습을 보여줘야 한다. 나는 주로 부모와 아이를 '기린'과 '개미'에 비유하곤 한다. 무한정으로 목이 긴 '부모 기린'은 '아이 개미'의 충동적이고 공격적인 본능에 영향을 받거나 동요하지 않은 채 이를 제어해야 한다. 기린은 높은 곳에서 개미를 관찰하며 담담하지만 단호하게 부모의 임무를 수행한다. 필요하다면 유머를 사용하는 것도 괜찮다. 그러면 아이는 조금씩 의연함을 찾으면서 한 뼘 성장한 아기 기린이 된다. 반면에 부모가 고성을 지르고, 거짓말과 욕설을 하며 아이에게 폭력을 행사한다면 아이는 미숙한 개미로 퇴행한다. 아이에게 가정은 부모가 항상 부적절한 태도, 지속적인 폭력, 실패감과 죄책감을 고집하는 전쟁터로 변하게 된다.

　타임아웃 육아법

# 제삼자의 역할



아빠는 가정에서 자신의 권위가 전혀 확립되지 않았음을 종종 깨닫는다. 이는 어린 시절 자신의 아버지가 수동적인 존재였거나 아니면 반대로 권위를 남용하는 존재였기 때문에 자신은 절대 그런 아빠가 되지 않고 싶은 마음에서 비롯된다. 그럼에도 많은 아버지들은 대안적인 양육 방식을 찾지 못하는 경우가 많다. 이런 아빠들은 배우자 또는 자신의 어머니의 모습을 그대로 모방해 그들이 사용하는 말투에 동화되거나 (주로 직장으로) 회피하는 경향이 있다.

아이 엄마가 자신의 남편이 권위를 수립하게 놔두지 않는 경우도 많다.[*] 이런 엄마들은 많은 경우 어린 시절 부모에게 학대받은

---

[*] 한계 설정의 문제를 겪는 아이들과 부모 사이에서 자주 벌어지는 '은밀한 권력 놀이'는 뒤에서 더 자세하게 언급하겠다. (176페이지)

기억이 있다. 이럴 때는 엄마에게 아이의 문제점을 해결할 방법(남편의 권위 확립)이 이미 가정 내에 존재하며, 이제는 남편이 대응할 때라고 조언하는 게 도움이 된다. 아이의 엄마가 자신의 남편을 신뢰하도록 돕는 것이 중요하다. 남편이 공정하고 절제할 줄 아는 사람이며 따라서 자신이 부모로부터 겪은 나쁜 경험을 아이에게 되풀이하지 않을 것이라는 사실을 깨닫게 해주는 것이 좋다. 이런 상황에서는 아이의 삶과 부모가 겪은 과거의 삶을 구분해야만 한다. 그래야 아이가 필요로 하는 바에 대하여 부적절하게 수동적인 태도를 보이는 것을 중단할 수 있다.

아빠가 한계를 설정하는 역할을 이행하지 못하면 가족 중 누구도 만족시키지 못하는 이상한 양육이 벌어지기 마련이다. 아빠가 엄격하지 않으면 엄마는 아이에게 필요하다고 생각되는 것을 모두 책임지려고 한다. 그럼 아빠는 스스로를 일관되지 못하다고 여기면서도 아이에게 엄마의 사랑이 부족하다고 생각해 아이를 더 다정하고 친절하게 대하면서 이를 보충해 주려고 한다. 각자 서로를 보완하기 위해 애쓰지만, 결국엔 이도 저도 안 되는 상황이 되어버리고 누구도 행복하지 않은 결과를 얻게 된다. 그럴 때는 집 안 내의 균형이 깨지고 있음을 명확히 인식하고, 모두가 행복할 수 있도록 역할을 조정할 필요가 있다. ("이제부터 아빠가 '엄격함'을 담당하고, 엄마는 '따뜻함'을 담당하기로 할 거야.")

엄격함을 담당해야 하는 아빠가 너무 소극적이라면 이 모든 게 아이를 위해서는 반드시 겪어야 할 중요한 과정이라고 그를 설득하는 과정이 필요하다. 아빠 X씨와의 만남에 대한 내 경험을 얘기해 보겠다.

ㅣㅣㅣ

## X씨, 30세(남성)

X씨는 이미 심리치료 중이었는데, 별 진전이 보이자 않자 성격 심리검사를 받고 싶어 했다. 변호사인 그는 호감형에다 전형적인 현대인으로, 늘 사람들에 둘러싸여 있고 사랑하는 사람과 행복하게 살고 있다. 그런데 그는 인생에서 점점 더 거추장스러워지는 행동화 문제 때문에 혼란에 빠졌다. 그는 상사에게 자신의 평소 생각을 가감 없이 표현하는 건 물론, 영화의 폭력적인 장면을 보며 아무것도 할 수 없는 자신의 무능함을 참지 못해 격분하기도 한다. 내가 X씨에게 아버지의 권위에 관해 물었을 때 그는 "아빠에 관해서는 전혀 불만이 없어요."라고 답했고, 자신의 문제에 대해서 아버지와는 어떠한 형식으로라도 연관 짓고 싶어 하지 않았다. 그래서 나는 일반적으로 아들이 아빠를 원망할 만한 모든 상황을 아주 비극적인 것부터 대수롭지 않은 일까지 하나하나 분석한 질문들(부재했는가? 학대했는가? 바람을 피웠는가? 근친상간을 했는가? 악의적이었나? 자



타임아웃 육아법

기중심적이었나? 비도덕적이었나? 외톨이였는가? 수동적이었나? 등)을 던지고 그에게 '예', '아니요'라고 대답할 것을 요청했다.

X씨는 모든 항목에 "아니요"로 대답했고, 어린 시절과 학창 시절에 아빠와 무언가를 만들거나 함께 낚시를 하며 "좋은 시간"을 많이 보냈다고 고백했다. 내 마지막 질문에는 망설이지 않고 "네, 아빠는 좋은 사람이라고 할 수 있을 거예요."라고 답했다. 그렇다면 처음에 왜 그렇게 아빠에 관해 얘기하는 걸 거부했는지 의문스러웠다. 그는 과연 무슨 응어리가 있어 아빠를 원망하게 된 걸까?

이 모순된 관계를 이해하고 싶은 욕구는 잠시 접어둔 채 나는 X씨의 엄마에 대해 질문했다. 그는 엄마를 "혁명적인 68세대 히피"라고 묘사하며 자신을 어떠한 구속도 없이 애지중지 키우셨다고 했다. (그런 엄마에겐 분명 가정에서 폭군이자 독재자였던 외조부의 영향도 컸을 것이다.) 그는 가족 식사 시간에 대한 기억으로 집안 분위기를 설명했다. 아이는 엄마가 불러도 식탁에 앉기를 거부하며 TV 앞을 지키고 앉아있는다. 기분이 내키면 찬장에 가서 군것질거리를 꺼내 먹는다. 영양적인 측면은 전혀 고려하지 않은 채, 원할 때면 언제나 그러는 것이 가능한 분위기였다.

그러자 한 가지 의문이 떠올랐다. "아버지는 그럼 아무 말도 안 하셨나요? 식탁에 와서 앉으라고 안 하셨어요?" X씨는 자신이 아주 어렸을 때(4~5세쯤 되었을 것이다)는 아빠가 식탁에 와서 앉으라고 하며 엄하게 꾸짖으려 했다고 회상했다. 그런데 그럴 때면 엄마가 자기 집에서는 절대로 권력을 휘두를 수 없다고 소리를 지르며 일어나서, 자신의 교육 원칙을 존중하고 아들의 욕구를 들어줄 것을 아빠에게 강요했다고 한다.

나는 아빠에 대한 아들의 원망은 결국 '아빠로서의 역할을 포기했다는 점'에서 비롯되었다는 생각이 들었다. X씨는 아빠가 개입해서 자신의 정신적 성장에 필요한 요소를 찾아주기를 원했을 것이고, 엄마의 병리적인 권력 행사에 휘둘려 책임을 회피한 아버지를 용서하지 않았던 것이다. X씨는 아버지의 역할을 강렬하게 기대했던 만큼 그에 대한 실망은 더 컸을 터이다. 이러한 내 생각을 들은 X씨는 충분히 가능성 있는 분석이라고 반응했고 이 문제의 원인이 자신의 한계 설정 문제와 아빠와의 애정 관계 단절 때문인 것 같다고 받아들였다. 아들과 아빠 둘 다 좋은 품성을 가진 사람이라는 점을 고려하면 참으로 안타까운 일이 아닐 수 없었다.

## "당장 방에 들어가!"



**1~2세 사이:** 아이의 눈을 쳐다본다(몸을 낮춰 아이의 눈높이에 맞춘다). 침착하지만 단호하게 금지 사항을 설명한다. 같은 항목에 대해 세 번 이상 설명하지 않도록 한다. 반복해서 이야기할 필요는 없다. 안타깝게도 정보를 숙지하는 것만으로 아이가 얌전해지지는 않는다. 아이는 좌절을 겪으면서 비로소 규칙을 받아들이게 된다. 또 같은 행동을 하면 훈육이 있을 것이라고 아이에게 알려준다. 아이가 2세 이상이라면 간단하게 "그만해, 아니면 방으로 가.", "셋까지 셀 거야."라고 말한다.

그래도 아이가 지시를 따르지 않으면, 당장 아이를 방이나 다른 안전한 장소(TV 같은 미디어 기기가 없고, 공용 공간에서 멀리 떨어진 공간)로 보내 고립된 공간에 아이를 혼자 둔다. 말을 최대한 하지 않고, 문을 닫고 나온다. 방문은 잠그지 않지만 방에서 나오는 것을 금지한다. ("지금 벌받는 중이야. 데리러 올 때까지 나오지 마.") 문제 행동에 상응하는 적당한 훈육 시간이 지났거나 또는 아이의 울음이 좀 잦아들면(욕구 대상에 대한 단념의 표시) 아이를 밖으로 나오게 한다. 한계 설정이 이루어질 것이다.

**※ 책 뒷부분에 나오는 아동용 솔루션을 참조하라**

아이에게 규칙의 위반에 관해 설명하는 건 엄격한 훈육의 초기 단계에서만 유효하다. 같은 문제 행동에 대한 설명을 세 번 했다면("오븐 다이얼을 누르면 안 돼. 왜냐하면 그건 아이들이 만져서는 안 되는 거야. 뜨거워져서 잘못하면 손을 델 수가 있어.") 더 이상 반복할 필요가 없다. 아이에게 계속 문제 행동을 하면 방에 들어가 있어야 할 거라고 얘기해 주는 것만으로 충분하다. 2세 아이는 이렇게 일상에서 만나는 모든 금지 사항을 완벽하게 숙지할 수 있게 된다.

아이의 흥분도가 점차 높아지면서 신경질이 나기 전에 아이를 고립된 공간에 두면 아이는 이 충동적 움직임이 발현될 때부터 이를 자제하고 완화할 수 있다. 아이가 방에 들어가면 규칙 위반의 심각도를 고려하여 그에 따라 훈육 시간을 조절할 수 있다. 4세 이상 아이부터는 30분 이상 고립된 공간에 두는 것도 가능하다. 훈육의 목적은 아이가 다시 같은 문제 행동을 하지 않도록 불편한 시간을 보내게 하는 것이기 때문이다.

**참고**

효과적이고 건강한 운동을 가능케 하는 럭비나 유도 코치들은 경기장이나 도장에서 아이를 떼어놓는 일시적이고 점진적인 방식을 고수한다. 이 훈육 방식에 많은 부모가 감탄을 보낸다. 이 유일무이한 훈육 방법은 아이가 의연함을 유지하는 데 큰 힘을 발휘한다.

어떤 부모는 아이를 '구석에 세워두기'(즉, 부모와 같이 있는 공간에 둔 채)로 훈육한다고 말하기도 한다. 이 경우 부모는 아이가 고함을 지르고, 말대꾸하고, 비난하는 소리를 계속 듣게 된다. 5분 동안만 혼자 두고 방문을 열어두거나 '진정이 되면 스스로 밖으로 나올 것'을 허락하는 부모도 있다. 과연 이렇게 해서 아이의 충동성을 효과적으로 다뤄낼 수 있을지 의심스럽다.

5세 이하 아이라면 침실에서 훈육하는 것이 바람직하다. 침실



타임아웃 육아법

은 일반적으로 안전한 공간이기 때문이다. 일부 부모는 훈육을 받고 난 후 아이가 자신의 방을 고통스러운 경험과 연관시킬까 봐 우려하기도 한다. 그러나 이런 일은 트라우마가 발생할 경우에만 나타난다. 아이는 격리되는 것을 폭력적이라고 받아들이지 않는다. 방에 고립되어 있으면서 좌절감을 느낄 수는 있지만, 그렇다고 끔찍하거나 불공정한 대접을 받는다고 느끼지는 않는다는 뜻이다. 아이는 자신이 따라야 할 체계인 '가정과 사회의 규칙이 동일하다는 것'과 자신의 성장을 돕는 양육자의 선한 마음을 충분히 인지하고 있다.

문제 행동을 하면 무조건 방으로 들어가 고립된 공간에서 시간을 보내는 것이 당연시됐을 때 아이는 이 두 가지 행위(위반-고립)의 상호 관계를 이해하게 된다. 그러면 밖으로 나갈 수 없게 자신을 가로막고 있는 '방문'은 아주 신속히 아이의 정신 구조 내부에 하나의 '장벽'으로 자리 잡는다. 이 장벽은 욕구와 욕구의 실현 사이를 제어하는 역할을 한다.* 그 장벽 덕분에 훗날 아이는 자신의 욕구에 휩쓸리지 않은 채 무언가를 원할 수 있고, 좌절감에 압도되지 않으면서 좌절을 경험할 수 있게 된다. 이는 평안한 사회생활로 가는 기본 자산을 마련하는 것이다.

---

* 90페이지에 등장하는 무쇠 냄비 주철의 두께에 관한 나의 설명과 위니코트의 '과도기 공간'을 참조하라.

울음이 잦아들 때 아이를 찾으러 가는 것이 아이를 방에서 나오게 하는 유일한 기준이 되어서는 안 된다. 하지만 울음이 잦아들었다는 것은 아이가 자신의 욕구 실현을 단념했다는 표시, 즉 이 한계를 습득했다는 신호일 수 있다. 연인과 이별하는 과정과 비슷하다. 처음에는 상대를 포기하는 게 불가능하다고 느껴지지만 시간이 지나면서 마음을 추스를 수 있게 된다. 애쓰고 노력하는 대상이 다른 곳으로 옮겨지고, 점점 새로운 사람들에게 애정을 쏟기 시작한다. 동생을 때린 잘못으로 벌을 받은 아이는 다시 동생에게 다가가 새로운 관계를 이어간다. 더 이상 동생을 못살게 굴 수 없게 되었으니 동생에게 말을 걸고 함께 놀 것을 제안하는 것이다.

## 아이가 지시를 따르기 싫어할 때

훈육 과정에서 아이가 지시를 따르지 않을 때(방으로 가기를 거부하거나 방에서 나오려고 시도하기, 부모 부르기, 방문 두드리기, 시끄럽게 하기, 벽에 장난감 던지기 등) 부모가 쓸 수 있는 유일한 방법은 아이가 방에 있는 시간을 늘리는 것이다. ("그러면 방에 20분 더 있어.") 이 방법을 쓰면 강압적인 폭력의 악순환(때리기, 소리 지르기, 끊임없이 반복하기, 협박하기, 신경질 내기, 육아 피로에 시달리기)에 빠지는 것을 막을 수 있다. 이는 아이의 정신적·육체적 상태를 존중하면서도 효과적으로 훈육할 수 있는 방법이다.

※ 책 뒷부분에 나오는 아동용 솔루션을 참조하라

아이의 충동성이 심해지기 시작할 때부터 가능한 한 빨리 훈육이 이뤄져야 한다는 것을 기억해야 한다. 너무 늦게 대처하면 훈육을 시작할 시점에 이미 아이는 화가 아주 많이 난 상태가 되어 훈육의 시행에 거부 반응을 가질 수 있다.

좀 더 구체적으로 살펴보자. 아이가 부모의 눈에서 어떠한 협상의 여지가 없거나 '반발'도 통하지 않을 거라는 점을 읽고, 부모가 침착한 태도를 유지하고 있다는 걸 알아차린다면, 아이는 순순히 자기 방으로 들어가서 제대로 행동할 것이다. 아이가 방으로 가길 거부한다면 부모는 의연함을 유지하고 본인의 할 일을 하며 "너는 지금 벌을 받고 있어. 지금 방에 안 들어가면 방에서 보내야 하는 시간이 더 늘어날 뿐이야."라고 말하는 것 외에는 아이의 요청에 일절 답하지 않아야 한다. 그래도 아이가 계속 소리를 지르고 흥분한다면 다시 한번 주의를 주고 부모는 방을 나온다. 방에 들어가기는 했지만 벽을 두드리고 장난감을 집어 던지거나 소리를 지른다면, 아이 방으로 들어가 몸을 낮춰 아이와 눈높이를 맞춘 다음 행동을 멈출 것을 명령한다. ("문을 그렇게 두드리는 건 안 돼. 방에 있어야 하는 시간이 더 늘어날 거야." 이때 굳이 추가된 시간을 구체적으로 알려줄 필요는 없다.)

# 아이가 협상하려고 할 때



아이들은 자신의 욕구를 제지하는 부모의 약점을 겨냥하는 데 아주 타고난 재능을 보인다. 부모의 권위를 약화하기 위해 어떤 수단을 써야 하는지를 교묘하게 포착한다. 아이들이 내뱉는 가시 돋친 말들을 추려 모으면 아마 책을 한 권 쓸 수도 있을 것 같다. 특히 건강이나 소음, 사회 적응에 예민한 자녀를 둔 부모라면 아이가 브로콜리 반찬이 나왔을 때 갑자기 배가 아프다고 하고, 피아노 수업을 앞두고는 두통을 호소하고, 교실과 급식실에서 있었던 소동이나 친구의 괴롭힘에 대해 불평하거나 돌봄 교사나 담임 교사에게 악의를 느꼈다고 주장하는 모습을 주로 목격하게 될 것이다.

한 아빠의 이야기가 떠오른다. 이 아빠의 누나는 사산아로 태어나 세상의 빛을 보지 못했다. 이는 아빠의 가족 모두에게 큰 영향을 주는 사건이었다. 이 아빠에게는 5세 딸이 있는데, 끈질기게 장난감을 치우라는 아빠 말에 화가 난 딸이 "아빠가 얼마나 못되게 굴지를 미리 알았다면 차라리 태어나면서 죽는 게 나았을 거야."라며 쏘아붙였다는 게 아닌가. 어느 4세 남자아이의 사연도 기억난다. 격렬하게 말다툼하는 외할머니와 엄마를 목격한 뒤, 아이는 엄마가 자신의 문제 행동을 꾸짖자 냉담한 어조로 "할머니도 엄마 나이 때 그렇게 못되게 굴었어?"라고 물었다는 것이다.

부모가 교육 원칙에 대해 어떠한 설명도 하지 않는 행위는 오히려 아이를 안심시킨다. 아이는 자신의 미성숙함을 책임지는 확실한 우월성에 의해 보호받고 제어받는다고 느낀다. 이는 아이가 어른과 아이의 구분을 인지하고, 자식과 부모와의 관계에서 자신의 위치를 이해하도록 하는 아주 효과적인 방법이다. ("네가 나중에 커서 부모가 되면 그때 맞다고 생각하는 방식으로 아이를 키우면 돼. 하지만 지금 너의 부모는 엄마, 아빠야.")

아이가 "훈육을 진지하게 생각하지 않고, 울기는커녕 수많은 장난감이 기다리고 있는 자기 방으로 가는 걸 아주 좋아한다."라고 말하는 부모도 종종 있다. 이런 아이들은 훈육을 전혀 무서워하지 않는 척하며 아주 지능적이면서도 논리적으로 반항하는 것이다. 하지만 그때마다 아이도 타격을 입는다. 갇혀있는 아이들은 사실 전혀 괜찮지 않다. 본인이 원해서 방에 있는 것과 타인의 선택으로 방에 고립된 채 있는 것은 전혀 다른 문제이다. 아이가 상황을 그대로 받아들인다는 것은 지시를 거역함으로써 한계를 요청하던 아이에게 부모가 한계를 확실히 설정해 주고 있다는 사실과도 일맥상통한다.

그러니 부모는 언뜻 보기에 태연해 보이는 아이의 이런 태도에 절대 동요되어서는 안 된다. 이 훈육 방법은 결코 폭력적이지 않기 때문에 당연히 아이도 이 방식에 관해서 울거나 떼를 쓰며 격렬하게 반응할 이유가 없다.

## 훈육의 대상은 부모가 아니라 아이다

아이의 잘못된 행동에 대한 결과는 부모가 아닌 아이가 감당해야 한다는 사실을 기억해야 한다! 단호하고, 확고부동하며, 당당하고, 침착한 자세를 취하자. 규칙을 어기면 아이는 그에 대한 대가를 치른다. 이는 아이의 문제이고, 부모가 개인적으로 영향을 받을 이유는 전혀 없다. 아이가 부모에게 영향력을 행사할 권한을 주어서는 안 된다. 그러면 아이는 불안감을 느낄 것이다.

**※ 책 뒷부분에 나오는 아동용 솔루션을 참조하라**

규칙을 위반함으로 인해 괴로움을 겪어야 하는 대상은 반드시 아이여야 한다. 이 원칙을 부모에게 잘 이해시키기 위해서는 부메랑의 이미지를 활용하면 된다. 아이가 규칙을 위반하면 괴로움은 부메랑처럼 아이에게 돌아가야 하며 절대 부모에게 돌아가서는 안된다.

그러므로 부모의 편의를 위해 훈육을 2회에 걸쳐 진행하는 것을 망설일 필요가 없다. 예를 들어 첫 번째 훈육은 오전에, 두 번째 훈육은 하교 후에 하는 식으로 말이다.

아이가 어느 날 아침에 양치하기나 옷 입기를 꾸물대려 한다면 부모는 아이의 눈을 똑바로 바라보고 "오늘 저녁에 또 벌받고 싶어?"라고 말하면 된다. 그러면 루틴을 규칙적으로 실행할 수 있을 것이다.

부모는 이 훈육의 첫 번째 의뢰자이자 수혜자가 바로 아이라는 사실을 자주 잊는다. 아이는 부모와 평화롭고 사랑이 가득한 관계를 맺길 진심으로 바란다. 또한 사회에 성공적으로 적응하기 위해 스스로에게 필요한 항목들을 갖추기를 원한다. 아이는 이렇게 설정된 한계들이 타인과의 구조적인 관계를 형성하고, 상대를 존중하고, 풍부한 상호작용을 가능하게 함으로써 자신을 안심시켜 주리라는 것을 직감적으로 안다.

엄한 선생님이 착한 선생님보다 아이들에게 인기가 많은 법이다. 진료하다 보면 내 말을 잘 듣지 않고 내가 말하도록 내버려두지 않거나 부모의 개입에도 말썽을 피우는 아이들을 가끔 대기실에 격리시킬 때가 있다. 그런데 대개 이런 아이들이 진료가 끝난 후에도 진료실을 떠나기 싫어한다. 이런 상황을 두고 나는 자신을 안심시키는 엄격한 명령 덕에 "아이가 이곳에서 보호받는다고 느끼는 것"이라고 부모에게 설명한다.

인기 있는 육아 프로그램 〈슈퍼내니(Super-Nanny)〉[*]를 떠올려 보자. '슈퍼내니'가 가정에서 부족했던 규칙을 아주 강력하게 실행했던 무서운 대상이었음에도 임무를 마치고 집을 나설 때 아이들은 그녀의 다리에 매달려 가지 말라고 애원했다. 이처럼 고립된 공간에 일시적으로 머물게 하는 훈육 방식은 아이의 신체적·정신적 상태를 존중하는 방법으로, 아이는 이를 정당하다고 인식한다. 진료 중에 아이에게 '솔루션'을 진행하겠다고 하면 아이는 미소를 지으며 이를 당연하다는 듯이 받아들인다. 그러면 나는 이를 놓치지 않고 웃으면서 부모에게 아이의 반응을 짚어준다. "어머니, 아버지, 아이가 솔루션을 얼마나 싫어하는지 좀 보세요!"

> ■ 필요하다면 산책을 하고 돌아와서, 다음 날 아침, 하교 후 저녁 등 훈육의 실행 시점을 달리하는 방법을 사용해도 좋다. 3세 이상의 경우에는 다음 주 일요일까지 훈육을 지연시켜도 괜찮다. 다만 반드시 의무적으로 훈육의 시간

---

[*] 영국의 대표적인 육아 교육 프로그램이다. 2004년에 방영을 시작해 미국, 프랑스, 독일 등 16개국으로 수출되었으며 프랑스판은 M6 채널에서 방영되었다. —옮긴이

을 가져야 한다. 부모가 부재하고 베이비시터, 조부모, 교사, 강사 등과 함께 있을 때 일어난 규칙 미이행은 이 방법을 통해 반드시 훈육하도록 한다. 이렇게 함으로써 부모가 없을 때 일어난 일에 대해서도 아이는 부모에게 보고할 필요가 있으며, 부모가 자신의 충동성을 제어해 줄 수 있는 존재임을 느끼게 된다.

- 만약 시간과 장소의 제약으로 당장 아이를 훈육할 수 없는 상황, 예를 들어 숙제 시간이나 목욕할 때, 운전 중 차 뒷좌석에서 아이의 흥분이 고조될 경우라면, 잘못된 행동으로 낭비되는 시간만큼 훈육 시간에 추가될 것이라고 분명히 말한다. ("소리를 지르는 시간/숙제를 안 하는 시간만큼 네가 방에 들어가 있는 시간은 늘어날 거야. 집에 도착하면/숙제를 끝내면 바로 벌을 받게 될 거야. 엄마가 너라면 빨리 말 들을 것 같은데.")

**※ 책 뒷부분에 나오는 아동용 솔루션을 참조하라**

한계 설정을 요구하는 아이는 분출하는 화산과도 같다. 치솟는 용암은 공격적인 충동성과 세상을 지배하려는 시도, 가족 전체를 점령하고 싶어 하는 욕망에 비유할 수 있겠다. 아이는 자신의 영향력이 어디까지 갈 수 있는지 여기저기 사방팔방으로 실험한다. 주변에 있는 모든 틈 사이로 흘러 들어가는 용암처럼 말이다.

훈육하기에 부적절한 순간이 언제인지를 너무 잘 아는 아이는 부모가 바쁘거나 조용히 쉬고 싶을 때, 또는 별 탈 없이 지나가길 바라는 상황에서 자연스럽게 규칙을 위반하는 행동을 시도할 것이다. 아침에 침대에서 일어나는 순간이나 등굣길, 잠자리에 들 때, 외출할 때(마트, 친구 집 방문, 공공장소, 자동차 안 등)와 같은 순간에 말

이다. 이때 부모가 할 일은 간단하다. 가능하다면(예컨대 놀러 간 친구네 집에서 조용하고 안전한 곳을 찾아서) 바로 아이를 훈육한다. 상황이 여의찮다면, 집에 돌아가자마자 벌을 받을 거라고 알려준다.

규칙을 위반한 시간과 훈육 시간 사이에 차이가 꽤 있더라도 반드시 훈육을 진행한다. 아이는 놀란 척하면서 협상하려고 할 것이다. "공평하지 않아요. 지금은 저 말 잘 듣잖아요. 그 일은 벌써 잊었어요." 등의 말을 하면서 말이다. 이 상황에서 아이는 아이대로, 부모는 부모대로 굴복하지 않고 각자의 임무를 다하면 된다. ("벌을 받고 싶지 않은 마음은 이해해. 그런데 말이야, 엄마/아빠도 네가 말을 안 들으면 싫어. 그러니 다음번에는 규칙을 잘 지키도록 해.")

## 학교에서

한계들을 강화하는 데, 즉 그릇을 단단하게 하는('무쇠 냄비의 주철을 두껍게 하기') 작업에서 부모와 교사 및 아이의 다른 교육 보호자들 간의 유대감은 중요한 역할을 한다. 예전에는 부모가 교사와 연대하고, 아이에게 '이로운' 교육적 체계에 당연하게도 교사가 포함되어 있었다. 하지만 지금은 교사가 아이의 태도나 학업 문제를 지적하면 학부모는 마치 그 지적을 자신들을 향한 비판처럼 받아들인다. 그리고 그 지적을 아이를 향한 부당한 공격 또는 평가라고 여겨 자신의 아이를 방어하기에 급급하다. 또 부모는 점점 더 자신의 아이에게는 노력을 요구하지 않으면서 학교 측에 모든 책임을 전가하는 양상을 보인다. 학교에 아이를 교육하라고 맡기면서도 학교가 권위를 세우려 한다며 비난하는 것이다.

"선생님이 우리 아이에 대해 나쁘게 말했어요. 우리 아이를 싫어하고, 전문가답지 않아요('교사로서의 소양을 갖추지 못했다'). 교사라면 아이를 비난하는 대신 지지해야 하는 것 아니에요?"라고 말하면서 학교에 몹시 화가 난 상태로 진료실을 찾는 부모가 많다. 그런 부모에게 아이의 평소 생활이 어떤지 물어보면, 정작 그들은 아이가 규칙이나 권위를 거부하고 부모나 형제자매들과 끊임없이 갈등을 빚는 등 문제 행동을 보인다고 설명한다. 그러면 나는 '감당하기 어려운 아이'라는 교사의 평가와 부모의 시각이 동일하다는 점을 지적한다. 또한 집에는 학교처럼 한 반에 29명의 학생이 있지도, 반드시 가르쳐야 할 교육과정이 있는 것도 아니라는 점을 함께 말해준다. 이렇게 부모의 태도를 바꾸도록 하는 작업 또한 심리학자의 역할이다. 나는 교사의 전문성을 접할 수 있다는 것은 행운이며, 아이의 문제 행동을 해결하기 위해서는 (나쁜 소식을 전하는 전령을 처벌하던 과거의 몇몇 왕처럼) 엉뚱한 사람에게 화풀이하는 대신 당당하게 맞서서 문제를 직면하는 편이 바람직하다고 부모에게 조언한다.

부모가 없을 때, 다시 말해 아이가 베이비시터나 조부모, 교사나 강사와 함께 있을 때에도 아이가 문제 행동을 하면 반드시 훈육이 이뤄져야 한다. 그래야 아이는 부모의 훈육이 '문어발'처럼 광범위하게 적용된다는 것을 느끼고 이를 지속적으로 내면화할 수 있다. 그러니 부모가 수일 동안 집을 비우는 등의 경우에는 아이에게 일관된 훈육 환경을 제공할 수 있도록 부모의 새로운 교육 철학에 반드시 베이비시터와 조부모를 동참시키고, 이들에게 이 '타임아웃 솔루션'을 공유해야 한다.

아이가 자주 하는 실수를 중심으로 항목들을 구성한 '태도 수첩'을 만들어서 교사에게 매일 작성해 달라고 제안하는 것도 가능하다. 그러면 하교 후 저녁 시간에 부모는 하루 동안 있었던 문제 행동들에 대해 아이를 고립된 공간에 머무르게 하는 타임아웃 훈육을 진행할 수 있다. 문제 행동의 중요도에 따라 훈육의 정도는 달라지겠지만, 이때에도 부모는 변함없이 차분하고 단호한 태도를 유지해야 한다. "또 교실 밖으로 탈출하고, 수업 시간 도중에 일어났다고 적혀있어. 엄마는 이제 이런 내용 그만 읽고 싶어. 너는 아주 얌전하게 있을 수 있는 아이야. 오늘 저녁에 네 방에서 30분 동안 벌받을 거야."

# 태도 수첩

날짜:　년　월　일

| 오전 | 예 | 아니요 |
| --- | --- | --- |
| 교실에서 탈출하지 않고 교실 안에 있었어요. | | |
| 자리에 잘 앉아있었어요. | | |
| 다른 아이들을 아프게 하지 않았어요. | | |
| 다른 아이들을 괴롭히지 않았어요. | | |
| 소리 지르지 않았어요. | | |
| 연습문제를 다 풀었어요. | | |
| 어른들의 말씀을 잘 따랐어요. | | |
| 다른 아이들과 함께 잘 정리했어요. | | |

| 오후 | 예 | 아니요 |
| --- | --- | --- |
| 교실에서 탈출하지 않고 교실 안에 있었어요. | | |
| 자리에 잘 앉아있었어요. | | |
| 다른 아이들을 아프게 하지 않았어요. | | |
| 다른 아이들을 괴롭히지 않았어요. | | |
| 소리 지르지 않았어요. | | |
| 연습문제를 다 풀었어요. | | |
| 어른들의 말씀을 잘 따랐어요. | | |
| 다른 아이들과 함께 잘 정리했어요. | | |

# 망설이는 부모

아이가 문제 행동을 할 때마다 훈육을 바로 다시 시작해야 한다. 문제가 몇 번이고 연속적으로 발생한다 해도 단호한 태도를 유지하는 게 중요하다. 부모가 아이에게 이렇게 요구하는 것은 정당하다. 이 훈육 방식은 아이가 사회생활에 필요한 도구를 마련하도록 도와줄 것이다. 책과 장난감으로 가득한 아이 방으로 아이를 보내라. 그리고 1세 이상부터 모든 형제자매에게 똑같은 방식을 적용하는 게 좋다.

**※ 책 뒷부분에 나오는 아동용 솔루션을 참조하라**

수년 동안 가족 간 폭력을 경험하면서 상처를 받은 부모 중 일부는 아이의 권력이 자신의 권력을 뛰어넘는다고 믿는다. 이런 부모들에게 나는 이렇게 말해준다. "2주 동안 아이를 거의 볼 수 없을 겁니다. 아이는 벌을 받느라 대부분의 시간을 자신의 방에서 보낼 거거든요. 이 방법이 아이에게 안 먹힐 거라고 생각하실 겁니다. 아이가 '끝까지 버틸' 거라고 말이죠. 그때마다 제 말을 떠올리면서 견디시길 바랍니다. 아이가 문제 행동을 하면 자동적으로, 무심하게, 기계적으로 아이를 방으로 보내세요. '충동 억제 집중 훈련'을 끝낸 아이는 완전히 다른 사람이 되어 방에서 나올 겁니다. 더 차분하고, 다른 사람에게 너그럽고, 행복한 아이가 되어서 말이죠."

많은 부모가 아이와 함께 보낼 시간이 부족하다는 이유로 저녁에 아이를 훈육하는 걸 주저한다. 행여나 훈육이 애정 결핍으로 이어질까 봐 우려하기 때문이다. 그러나 이는 사실 '자신들이 원하는 방식으로만' 아이와 좋은 시간을 보내려는 부모의 이기적인 바람일 뿐이다.

|||

## 엘리즈, 3세

엘리즈의 아빠가 일주일간의 해외 출장을 마치고 집으로 돌아오는 날이었다. 엘리즈의 엄마는 남편이 어서 퇴근해 모든 가족이 함께하는 식사 시간을 고대하며 맛있는 음식을 준비했고, 집 안은 온통 음식 냄새로 가득했다. 마침내 아빠가 퇴근했고 식구들은 저녁 식사를 위해 식탁에 둘러앉았다.

그런데 엘리즈가 난리를 피우기 시작했다. 벌써 식기를 몇 번이고 떨어뜨리고, 모든 것에 불평하고 접시를 밀치는가 하면, 아무것도 먹으려 하지 않았다. 엘리즈의 이런 행동은 그렇게 고대하던 시간을 한순간에 지옥과도 같이 바꿔놓았다. 마치 15시간처럼 느껴지던 아이의 행동이 15분간 지속되자 아빠는 결국 아이를 방으로 데려가 몇 분간 혼자 있게 했다.

잠시 후 아이는 전혀 다른 모습으로 방을 나왔다. 사랑스러



타임아웃 육아법

운 모습을 한 아이는 기분이 좋았고 밥도 잘 먹었다. 부모는 이 훈육의 효과에 놀라워할 뿐이었다. 아이의 엄마는 자신이 아이 훈육을 시작하는 데 시간을 너무 지체했다는 사실을 깨달았다고 내게 고백했다. 엄마는 가족 모두가 맛있게 식사하고 기분 좋은 시간을 보내는 그림을 상상했다. 그래서 완벽한 순간을 만드는 일에만 너무 집중하게 된 것이었다.

겨우 3세였지만 아이는 아빠가 실행한 훈육을 훌륭하게 따르는 데 성공했다. 아빠가 집에 돌아왔을 때 엘리즈에게 필요했던 건 그저 아빠가 자신과 거리를 두고 권위를 수립하여 자신의 문제 행동에 한계를 설정해 주는 것이었고, 아이는 저녁 식사 시간에 자신에게 주어진 그 순간을 잘 활용했던 것이다.

## 부모의 의견이 달라서는 안 된다

부모 간의 의견 일치는 명백하고 확실하게 이루어져야 한다. 상대방이 아이를 꾸짖을 때("엄마 말 들어!") 침묵하거나 아이 앞에서 서로를 부정하지 않아야 한다. 부모 중 한 사람이 상대의 어조가 적절하지 않다고 생각하더라도(너무 폭력적이거나 너무 관용적이라고 판단될 때에도) "엄마/아빠 말대로 네 방에 가 있어."라고 한목소리를 내어 아이가 지시를 따르게 해야 한다.

**※ 책 뒷부분에 나오는 아동용 솔루션을 참조하라**

이는 아주 중요한 요소이다. 왜냐하면 아이의 교육을 담당하는 모든 보호자(부모, 조부모, 교사, 운동 코치 등)의 양육관이 일치하지 않으면, 마치 흔들리거나 충격이 가해진 '무쇠 냄비의 뚜껑'처럼, 모든 돌발 행동들이 흘러나오는 '틈'이 생길 수 있기 때문이다! 위에서 언급한 즉각적인 해결책 외에도, 보호자들 간의 중대한 의견 불일치가 발생하면 아동 전문가에게 도움을 청해 최선의 해결책을 모색하는 일 또한 가능하다. 물론 모두의 동의하에서 진행되어야 한다.


## 형제자매 사이의 관계

- 형제자매 간의 갈등에 적극적으로 개입하라. "중요한 얘기를 할 테니까 잘 들어봐. 우리 집에서는 지켜야 할 규칙들이 있어. 때리지 않기, 귀찮게 하거나 괴롭히지 않기, 가족 모두 서로를 존중하기, 가능하다면 서로 사랑하고 응원하기. 이 규칙은 절대 바뀌지 않을 거고, 이에 대해 왈가왈부해서도 안 돼. 가족들에게 친절하게 대하면 우리도 모두 너를 친절하게 대하려 노력할 거야."
- 일상에서 공격성을 다뤄내는 좋은 방법들을 아이에게 가르쳐주어야 한다. "동생한테 뽀뽀해 줘. 그리고 선물을 받아서 기뻐하는 모습을 보니 너도 기분이 좋다고 말해주렴.", "친구한테 잘했다고 축하해 줘.", "어떻게 하면 친구가 기뻐할까?", "친구한테 가서 기분이 어떤지, 혹시 도움이 필요한지 물어봐.", "집에 손님이 왔으니까 이것 좀 도와줄래?", "엄마한테 이걸 선물하는 건 어때?"

**※ 책 뒷부분에 나오는 아동용 솔루션을 참조하라**



타임아웃 육아법

형제자매 간 갈등이 지속되는 것은 흔한 일이다. 많은 부모가 형제자매 사이의 폭력을 진압하는 데 어려움을 겪는다. 이들은 마치 그 갈등이 피할 수 없는 과정이며 언젠가는 자연스레 해결될 것이라고 생각한다. 여기서도 마찬가지로 나는 부모가 아이들의 갈등에 적극적으로 개입해야 한다고 조언하고 싶다. 각자가 늘어놓는 변명에 귀를 기울여 한 아이를 지적하기보다는 아이들을 한꺼번에 훈육하는 것이 중요하다. 그러면 아이들은 앞으로 상대에 대한 자신의 공격성을 완화하고 조절하는 법을 배울 수 있다.

고립된 공간에 혼자 두는 훈육이 아이의 공격성 분출을 막을 수 있는 가장 좋은 방법이지만, 동시에 아이가 심리적 에너지를 다른 방식으로 표출할 수 있도록 가르쳐주는 것 또한 중요하다. 그래서 부모는 아이가 처음으로 겪는 이 순간적인 공격성을 관용으로 전환하도록 장려해야 하는데,* 이를 통해 아이는 사회적으로 매우 훌륭하다고 여겨지는 자질을 갖추게 될 것이다. 예컨대 크리스마스 선물을 개봉하는 시간에 아이가 질투심을 느낄 수 있다. "동생이 받은 선물 때문에 네가 질투할 수는 있어. 하지만 그건 좋은 감정이 아니야. 엄마 아빠는 네가 질투하는 걸 보고 싶지 않아. 질투

---

* 이러한 움직임을 장려하는 것으로는 바로 종교가 있다. 신성에 가까운 인간적인 연민을 바탕으로 종교는 잘못을 저지른 자, 즉 공격성을 표출할 가능성이 있는 자에게 자비와 관용을 베푼다.

를 안 할 자신이 없다면 네 방에 가있으렴. 엄마 아빠는 네가 동생한테 뽀뽀해 주고 동생이 기뻐하는 모습을 보니 너도 기쁘다고 말해주면 좋겠어! 네가 조금씩 더 커나가면서 그런 말을 할 수 있을 거야." 부모가 알려주지 않으면 아이는 이런 생각을 스스로 떠올릴 수 없다는 점을 명심하라. 또 이렇게 학습한 관용은 아이의 사회생활에 훌륭한 자산이 될 것이라는 사실을 부모는 반드시 기억해야 한다.

진료실을 찾는 부모들이 종종 내가 제시하는 타임아웃 솔루션을 불편해하는 경우가 있다. 그래서 이런 반대 의견에 대한 내 답변을 이곳에 모아봤다.

**엄마와 아빠의 역할이 각각 정해져 있다는 주장은 너무 왜곡되었다고 생각합니다. 이는 저희가 추구하는 교육 철학과 대립됩니다.**

아이의 교육에 관해 내가 취하는 견해는 그 어떤 이념과도 무관하며, 아이의 행동장애 해결이라는 실용적인 치료 목적으로만 결정된다.

아마 언젠가는 아이 교육에 관해 엄마와 아빠가 정확히 같은 역할을 하는 날이 올 수도 있을 것이다. 이미 이러한 양육 패턴을 따르고 있는 부모들을 관찰해 보면, 부양육자의 개입만으로도 주양육자와의 관계에서 아이의 흥분이 고조되는 상황을 충분히 억제할 수 있다는 점을 알 수 있다. 가까이 붙어 애착 관계를 형성하는 역할, 그리고 거리를 두며 위협적인 권위를 세우는 역할을 원활하게 바꿔가면서 말이다. 사실상 이러한 상황에서는 엄마든 아빠든 '제삼자'의 존재 자체가 가장 중요하다고 할 수 있다.

하지만 현실적으로 말한다면, 우리는 상담에서 언제나 중요한 요소인 아래와 같은 생물학적·문화적 특징들을 감안하지 않을 수 없다.


‣ 먼저 아이는 산모의 몸에서 태어나고(그래서 아기와 엄마의 결합은 무엇보다도 생물학적인 현실이다.) 자연스럽게 엄마에게는 아주 강력한 모성애가 생겨난다. 위니코트는 이를 '일차적 모성 몰두(primary maternal preoccupation)*라는 개념으로 소개했다. 엄마-유아 간의 이 극단적인 동일시는 시간이 지나면서 점차 사라지기는 하지만 그 흔적은 여전히 아이 인생에서 남아있다. 고립이라는 방식을 통한 이 한계 설정 작업은 엄마-유아 간의 친밀했던 과거를 매정하

---

* 엄마가 유아에게 필요한 모든 일차적 요소를 효과적으로 제공하기 위해 아이에게 헌신적으로 몰두하는 '병리적' 상태를 뜻한다.


                                    타임아웃 육아법

게 단절하는 터닝 포인트와도 같다. 이 과정에서 엄마가 아이의 일차적 구원자(많은 엄마는 '아이가 우는 걸 견딜 수 없다'고 말한다)라는 역할에서 '벗어나기' 위해서는 배우자의 지원이 필요하다.

▸ 다음으로 문화적 특징을 보자. 오늘날 직장에서 남성과 여성의 비율을 살펴보면 집안일을 하는 시간과 부모의 역할 분담이 과거보다는 더 공평하게 이루어진 것처럼 보인다. 하지만 사회학적 데이터가 보여주듯이 실제로는 여전히 여성이 집안일과 돌봄, 학교와 방과 후 활동 등 아이의 일정 및 일상 전반의 관리에 더 많이 관여하고 있다(Champagne, 2015). 아이와 지속적으로 긴밀한 관계를 유지하면서 말이다. 이런 맥락에서 보면 1~3세 사이의 아이를 안아주고, 코를 닦아주고, 옷을 입히고, 어린이집에 데리러 가고, 목욕을 시키고, 밥을 먹이고, 잠을 재워주는 등 다정한 역할을 하던 엄마가 갑자기 한계를 설정하겠다며 권위적으로 아이와 거리를 두기란 어려운 일이다. 바로 이 시점부터 아빠가 앞서 언급된 이상적인 제삼자의 역할을 수행하게 된다. 왜냐하면 아빠의 권위는 아빠를 향한 엄마의 사랑에 기반하기 때문이다. 이후에 설령 엄마가 아빠만큼의 권위를 확립할 수 있다고 해도, 엄마-유아 간의 결합이 과거부터 형성되어 있다는 점과 일상에서 아이와 많은 시간을 보내는 대상은 엄마라는 점, 이 두 가지 주요한 이유 때문에 육아의 초기 단계에서 아빠의 개입은 필수적이다.

부모가 되어 아이를 양육한다고 생각할 때 자녀와 신경전을 벌일 거라고 미리 상상하는 부모는 없다. 그래서 아이와의 힘겨루기가 대다수의 부모에게 고통스러운 것은 당연하다. 1년 동안 애정으로 충만한 관계를 경험한 후 14개월 된 아이를 훈육하는 것은 부모에게도 고통스러운 경험이다. 아이와 부모 사이에 적절한 거리를 두기 위해서는 차갑고 냉정해져야 하는데, 이는 아이가 태어난 순간부터 아이를 돌보고 아이에게 공감하도록 프로그래밍되어 있는 본능을 위배하는 것과 마찬가지이다. 부모는 어느 순간 아이에게 큰 목소리를 내고, 인상을 쓰고, 밥을 먹고 있는 아이를 방에 데려가서는 문을 닫고 나오는 자신을 발견한다. 울부짖고, 훌쩍거리고, 자기를 찾는 아이의 목소리를 고스란히 듣는다.

하지만 부모는 무너지지 말고 이 순간을 잘 견뎌야 한다. 아이의 새로운 정신 상태를 수립한다는 중요한 임무를 맡았다는 사실을 인지하면서 말이다. 훈육을 끝내고 아이를 데리러 갈 때 부모는 아이를 달래주고 싶은 유혹에 굴복해서는 안 된다. 아이가 두 팔을 벌리며 자신을 안아주기를 기다리고 있어도 참아야 한다. ("지금은 별로 안아주고 싶지 않아. 왜냐하면 네가 내 옷에 음식을 모두 쏟아부어서 아직 화가 안 풀렸거든.") 이 순간 부모들이 느끼는 감정이 얼마나 보편적인지 알려주는 것도 좋은 방법이다. 부모라면 벌을 받은 후 훌쩍

이는 아이를 위로하고 따뜻하게 안아주고 싶은 마음을 꾹 참았던 적이 모두 한 번쯤은 있을 것이다!

부모는 잘못을 저질러서 방 안에 고립된 채 훈육을 받는 아이가 느낄 아주 일시적인 불편함과, 매일매일, 길게는 수년 동안 집이나 학교, 또는 조부모 등과의 관계에서 계속 문제 행동을 일으키는 아이가 겪게 될 끝없는 고통을 냉정하게 비교해 봐야 한다. 지속적으로 어른들을 실망시키고, 또래 아이들에게는 선을 넘는 행동(지속되면 아주 빈번하게 사회적 배제를 야기할 수 있는)을 하는 등 자기중심적인 태도를 보이는 아이는 사회적으로 고립될 수 있다.

그러므로 한계 설정이 필요한 상황에 아이가 가끔 훈육을 받는 것은 정당하다. 하지만 부모가 이러한 책임을 다하지 않았다는 이유로 어린 시절 내내 아이가 조롱받는 것은 아주 부당하다. 부모는 자녀와의 일상적인 힘겨루기에서 벗어나 가족 내에서 자유로운 상호작용이 일어날 수 있도록 유도해야 한다. 살면서 부모가 아이와 함께 경험할 수 있는 행복한 순간들은 정말이지 많다. 부모는 그 순간들을 너무도 쉽게 침범할 수 있는 공격적인 충동이라는 안개를 아이로부터 몰아내는 데 집중해야 한다.

내가 추천하는 타임아웃 훈육 방식은 아이와 가족의 불행함과는 단연코 거리가 멀다. 반대로 이 방식을 통해 부모는 평온함을 유지하고, 아이가 한계를 시험해 보는 데서 오는 감정적 갈등을 해소하며, 가족 내의 공격성을 완화시키고, 권력 다툼이 관계를 뒤흔드는 것을 방지할 수 있다.



아이는 오히려 이 방식에 빠르게 적용한다. '타임아웃 훈육법'이 부모의 화는 물론 끝없는 가족 간의 갈등을 가라앉히며 아이가 모두를 실망시킨다는 죄책감에서 벗어날 수 있게 도와주기 때문이다. 그래서 아이는 훈육이 끝난 후 무의식적인 고마움의 표시로 부모를 평소보다 더 세게 안아주는 경우가 많다.

다시 무쇠 냄비에 비유해서 말하자면, 단호한 훈육 없이 그저 반복해서 설명하고 소리를 지르는 행위는 무쇠 냄비에 가까이 다가가서 주철을 쓰다듬고 어루만지는 것과 마찬가지다. 아이의 문제 행동이 초래한 일시적 불편을 해소하기 위한 방편에 불과하다는 뜻이다. 반면 '아이를 방에 혼자 두는 방법', 타임아웃 솔루션은 아이의 질서 인식에 구조적으로 영향을 미쳐 무쇠 냄비의 주철을 단단하게 다질 수 있다. 불필요하고도 비생산적으로 아이를 꾸짖는 것보다 즉시 방으로 들어가게 하는 훈육을 늘 우선시해야 하는

　　　　　　　　　　　　　타임아웃 육아법

이유이다. 요컨대 아이에게 밑도 끝도 없이 "시끄럽게 하지 마!"라고 반복하는 대신 즉각적으로, 하지만 침착하게 "지금 당장 조용히 안 하면 집에 가서 벌받을 거야."라고 말해야 한다.

이 방법으로 아이가 매번 3회의 훈육을 받으면 문제 행동을 중단할 것이다. 그 후로 몇 년간은 이따금 경고가 필요한 경우도 있겠지만("너 지금 벌받을 만한 행동을 하고 있어.", "벌받고 싶니?" 등), 7세 정도 되면 '심각한' 문제 행동은 완전히 사라질 것이다.


**아이에게 설명해 주는 것만으로는 왜 충분하지 않나요?**


금지는 '머리'가 아닌 '경험'으로 확립된다. 그렇기에 아이의 문제 행동은 즉시 아이에게 '감정적인 좌절'을 초래하는 과정으로 이어져야 하며, 4세 이후보다는 생후 18개월쯤에 이뤄지는 게 좋다. 감정적 좌절은 어떤 상황에서도 지적으로 내재화되지 않는다. 오직 행동을 통해서만 습득된다. 인정하기 싫더라도 이는 과학적으로 입증된 사실이며 모든 연령에 적용된다.

한 살배기 아이를 떠올려 보자. 아이는 생후 첫해 내내 마땅히 누려야 할 행복감으로 가득 차있다. 긍정적인 관계를 경험하고 부모의 사랑을 한 몸으로 받으며 부모를, 더 나아가서 여태까지는 부모가 그 역할을 맡았던 온 우주를 탐색하려는 충동으로 넘쳐난다. 세상의 모든 것을 알아보고 싶은 열정이 가득한 상태다. 그런데 아이는 제멋대로, 아주 충동적으로 세상을 탐구하지만 적절한 방법이나 규칙, 금지 사항, 타인을 귀찮게 할 수 있는 행동에 대해서는 전혀 아는 게 없다. 이를테면 엄마 머리카락 잡아당기기, 친구 장난감 뺏기, 식사 자리에서 부모의 대화를 방해하면서 큰 소리로 말하기, 리모컨을 낚아채고 TV 꺼버리기, 허공에 치즈 뿌리기, 샴푸 먹기, 서랍장에 있는 물건 다 꺼내기 같은 일 말이다.

1세가 되면 아이는 식탁 의자에 앉아 부모에게 반항하기 시작한다. 몇 번이고 이유식 그릇을 바닥으로 집어 던지고, 부모에게서 사랑 이상의 것을 요구한다. 그때 요구하는 것이 바로 '한계'다. 이제 혼란스러운 표현 방식을 구조화하고, 본능적인 삶의 충동을 문명화하는 방향을 제시할 시간이 온 것이다.* 무쇠 냄비의 '내용물'을 옮겨 사회가 수용할 만한 상태로 담아낼 '그릇'을 준비할 시간이다!

10대 아이들 중에는 매력적이고, 똑똑하며, 지능적인 면에서 아주 특출난 아이들이 있다. 이들은 선과 악의 개념은 물론 자식으로서 부모에게 갖는 권리와 의무의 정의 등을 완벽하게 숙지하고 있다. 그런데 이 아이들은 동시에 학교에 가기 위해 아침에 일어

---

* 프로이트는 세상과의 관계에 대한 이 점진적인 변화를 아주 정확하게 '쾌락원칙'에서 '현실원칙'으로의 교체라고 불렀다.

 타임아웃 육아법

나는 걸 힘들어하고, 부모의 지갑에서 돈을 훔치거나, 선생님에게 무례하게 행동하는 것을 도저히 멈추지 못한다.

이는 무쇠 냄비의 주철이 전혀 만들어지지 않았기 때문이다. 아이의 '이성'은 무엇이 옳고 그른지 알고 있지만, 아이의 '충동'은 한 번도 장애물을 맞닥뜨리는 경험을 하지 못한 것이다. 그래서 아이는 식탁 의자에서 부모에게 반항하는 1세 아동 상태에 그대로 머물러있다. 아이는 이 두 요소(이성-충동)를 서로 연결하지 못한다. 내가 제안하는 타임아웃 솔루션은 금지 사항이 왜 필요한지를 아이에게 두세 번 설명해야 한다고 명시하고 있다. 하지만 그 이상으로 설명을 반복하는 것은 아무 소용이 없다. 나이가 많든 적든, 세상은 자신이 금지된 행위를 하고 있다는 것을 알면서도 멈추지 않고 이를 계속하는 사람들로 가득 차있다. 새해가 되었을 때 매번 '새해 다짐'을 반복하는 것 말고도 이와 비슷한 예는 셀 수 없을 정도로 많다.

나이와 상관없이 평생 철권적인 통치를 고집했던 프랑스의 역대 왕들이 걸어온 길을 살펴보자. 공익에는 거의 관심이 없었던 그들의 권력 의지는 군주 자신의 충동적인 욕망을 실현하는 일에만 집중되어 있었다. 성적인 측면과 영토적 측면에서 공히 '정복'에 대해 남다른 애정을 보였던 루이 14세는 임종을 앞두고 왕위 계승자인 증손자에게 "전쟁을 좋아하던 짐의 취향을 닮지 말거라."라고 당부하며, 자신의 만행에 대해 엄한 형벌을 간청했다("지

은 죄에 대해 속죄하기 위해 고통을 받길 원한다.”). 이는 ‘양심의 가책’이 건강하고 힘이 넘쳤던 그에게는 아무런 제동을 걸지 못했음을 여실히 보여준다.

루이 14세뿐만이 아니다. 법, 계급제도, 대항 세력 등 ‘외부적인 제약’이 없었을 때 얼마나 많은 권력자가 파괴적인 충동에 휩쓸려 자기 자신을 매장했던가?

육아의 영역에서도 다를 바가 없다. 부모에게 아이의 충동성을 계속해서 ‘이성적으로’ 다스리라고 권하는 건 바람직하지 않다. 대신 나는 고립된 공간에 혼자 두는 훈육 방법을 적용하기 위해 종종 부모에게 ‘접근방식’을 바꿔보라고 조언한다. 나는 그들에게 이렇게 말한다. “지금 하고 계신 반복적인 시도가 아무런 도움도 되지 않고 오히려 가족 관계에 손상을 입힌다는 사실을 부모님께서도 잘 알고 계시죠?” 내가 제안하는 방법은 설득이 통하지 않는 아이의 ‘이성’ 대신 아이의 ‘충동’을 직접 다뤄내며 효과를 입증할 것이다.


**부모-자녀 간의 공감이 단절되면 위험하지 않나요?**

‘긍정 교육법’은 공감 단절이라는 개념을 전면적으로 거부하고, 어떤 교육적 상황에서든 감정을 통해 조율할 것을 장려한다. 이

접근방식은 한계 설정의 측면에도 적용되는데, 문제는 이 방법에
는 '실제 삶'에서 통용되는 규칙과 일관성이 거의 없다는 것이다.
아이의 교사, 친구와 동료, 또는 아이가 나중에 커서 만나게 될 미
래의 고용주와 상사들이 언제나 아이만의 독특한 감정적 성향을
이해해 줄까? 아니면 그냥 "조용히 해!"라며 윽박지르는 데서 끝
날까?

부모와 자녀 간의 감정을 무조건 공유하고 조율해야 한다는 주
장의 심리학적 가치에 대해서도 의문을 제기할 수 있다. 파리 제8
대학의 교수인 라파엘르 밀리코비치(Raphaële Miljkovitch)는 '공감의
덫'이라는 개념을 이렇게 설명한다. "이 말은 공감이라는 덫에 빠
져서 아이가 원하는 대로 해주는 것을 일컫는다. 장기적으로 볼
때 '공감의 덫'은 아이의 버릇이 나빠지게 하고 결국 해결하기 어
려운 과잉행동으로 이어질 수 있다. 부모는 종종 아이가 자신의
감정을 얼마나 교묘히 이용하는지 상상조차 하지 못한다."

나는 앞에서 수많은 아동과 청소년이 어지러울 정도로 넓은 감
정적 스펙트럼 안에서 살아가고 있다고 언급한 바 있다. 이 아이
들의 모든 감정은 타인으로부터 자신에게 또는 자신으로부터 타
인에게 번지면서 극단적인 수준으로 경험된다. 부모는 자신의 아
이가 내면의 공격적이고 감정적인 성향을 슬기롭게 억제하는 데
익숙해지도록 "감정의 수도꼭지를 잠가주었어야" 했다. 자녀를
교육한다는 것은 결국 부모가 저마다의 현실적 상황에 맞게 아이



타임아웃 육아법

의 자리를 결정해 주는 것 아닐까?

나탈리 프랑크(Nathalie Franck)와 하임 오메르(Haïm Omer) 또한 훌륭한 저서인 『폭군아이 부모와의 동행(Accompagner les parents d'enfants tyranniques)』에서 교육적인 단호함을 보여주어야 하는 상황을 대화 중심으로 풀어갈 때 역효과가 날 수 있다고 주장하며 그 위험성을 설명했다. "아이에게 경각심을 일깨우고, 아이를 타이르고, 아이가 정상적인 상태로 기능하게 할 목적으로 이뤄지는 소통 중심의 교육법은 (…) 아이의 폭력성을 증가시키거나 정당화할 뿐이다. 지나치게 말을 많이 하고 모든 걸 설명하려고 하면 부모의 말은 설득력을 잃게 되고 아이가 주도권을 잡게 된다. 부모가 그렇게까지 설명하려고 하는 건 결국 자신이 잘못하고 있다는 걸 인정하는 셈이다! 그렇게 되면 아이의 폭력은 대개 더 힘을 키워서 정당화된 형태로 다시 태어난다. (…) 폭군 아이를 둔 가정에서 대화를 기반으로 한 소통은 더 이상 유용하지 않으며 오히려 상황을 악화시킬 뿐이다."

진료실에서 겪는 내 경험과도 일맥상통하는 통찰이다. 나아가 두 저자는 이렇게 설명한다. "몇몇 아이는 반항 행동 후 후회를 표현하거나 소동으로 일어난 피해를 바로잡기 위한 방법을 모색한다. 그렇다고 해서 아이에게 변화하고 싶은 욕구가 있다는 의미는 아니다. (…) 종종 아이는 수치심과 죄책감을 느끼고, 문제를 해결하고 싶어 하며, 부모에게 자신을 사랑하는지 묻거나 부모를 끌어안기도 한다. 하지만 그게 다음에도 비슷한 일이 다시 일어나지 않으리라는 걸 의미하진 않는다.”

수년간 전 세계적으로 유명세를 치르고 막대한 부를 누린 후 우울증, 극심한 감정 기복, 마약 투약, 고립과 폭력, 극단적 종교에의 의존이나 약물 남용 등 나락으로 추락하는 할리우드 스타들의 사연 또한 여기에서 몇 가지 시사점을 제공한다. 자신의 모든 욕구 불만을 해소해 주는 대가로 보수를 받고 일하는 매니저, 메이크업 스태프, 회계팀, 트레이너 등에 둘러싸인 이들이 과연 행복한 삶을 살 수 있었을까? 물질적인 부와 명성이 없었던 이전의 삶에서는 불만족스러운 감정이 그렇게 큰 비중을 차지하지 않았을지도 모른다. 그들이 타인의 감정 또한 고려해야 하는, 상대적으로 평범한 인생을 살았다면 어땠을까? 엄청난 명성과 부를 손에 넣더라도 끝없이 '자신의 귀를 맴도는' 불만족의 목소리에만 귀를 기울이다 보면 누구든 방황할 수밖에 없는 건 아닐까?

(다른 면에서는 너무나 정상적인) 아이에게 자신의 불평과 감정 표현을 자제하고, 그것을 받아들이는 사람의 입장을 고려하도록 가르치는 것은 그들의 감정에 적절한 위치를 부여하는 일이라고 할 수 있다. 그러므로 타임아웃 솔루션에 따라 과도하게 또는 근거 없이 불평하는 아이를 방으로 보내면, 결과적으로 아이는 자기중심적인 불만으로 가득 찬 생각을 더 빨리 떨쳐버리고 타인과 더 잘 소통할 수 있게 된다.

　타임아웃 육아법

긍정 교육법의 또 다른 위험은 앞서 언급했듯 부모의 감정 기준을 지속적으로 강요해 아이에게 죄의식을 느끼게 한다는 점이다. ("그렇게 말하면 엄마/아빠가 얼마나 마음이 아픈지 알아?") 여기에서도 '이성'과 '충동' 간의 혼돈이 생긴다. 아직 미성숙한 상태의 2세 아이가 찾는 것은 한계이지, 부모와 자녀 간의 관계를 심각하게 만들고 아이에게 불안을 안겨줄 수 있는("나 때문에 엄마가 마음 아파해.") 부적절한 대화가 아니다. 아이는 엄마를 힘들게 하려는 것이 아니라 본능적으로 억제되지 않은 충동을 배출하는 것일 뿐이다. 아이에게는 이를 담을 '그릇'이 필요하다. 부모는 침착하게 이 그릇을 아이에게 제공해야 한다. 그래야 훨씬 더 편안한 관계 속에서 감정적 교류가 이루어질 수 있다.

아이와 상담하러 온 한 아빠에게 이 문제에 대해 설명한 적이 있는데, 그는 내 말을 다음과 같이 훌륭하게 요약했다. "우리는 아이들과 함께 천국을 거닐지만… 어깨에는 항상 소화기를 메고 있죠." 아주 평화롭게 진행된 훈육을 '소화기'에 비유한 이 문장이 전하는 메시지는 명확하다. 부모는 아이와 함께 일상에서 일어나는 모든 즐거운 순간들을 만끽한다. 기쁨을 같이 나눌 기회는 하나라도 절대 놓치지 않는다. 단, 부모는 어린 아이에게 꼭 필요한 한계 설정의 요구를 즉각적으로 알아차린 후 지체하지 않고 바로 훈육을 실행해야 한다.

**저는 어릴 때 한 번도 벌받은 적이 없는 착한 아이였어요. 이런 아이들도 있다는 것은 어떻게 이해해야 할까요?**

어릴 때 문제 행동을 거의 또는 전혀 하지 않는 아이도 있다. 그런데 아이를 모든 측면에서 총체적으로 이해하지 않고서는 누구도 그 아이의 정신적 작용을 제대로 평가할 수 없다. 차분한 성격의 어른들로만 구성된 환경에서 자란 얌전한 맏이(대개 부모의 눈에는 훨씬 더 흥분성이 높은 것처럼 보이는 둘째의 경우와는 전혀 다를 것이다), 상대적으로 일찍 철이 든 아이, 세상의 빛을 보지 못한 형제자매 다음 순서로 태어난 아이, 부모와의 분리 문제나 애정 결핍을 겪는 아이, 그리고 이들 부모와 자녀 간에 맺어지는 보이지 않는 수많은 약속들…. 아이들이 처한 상황은 저마다 다르다. 즉, 특정 아이와 다른 아이의 정신 구조를 비교한다는 것은 매우 어려운 일이다.

여기서 내가 할 수 있는 건 어떤 아이가 평온한 아이인지에 대해 확실히 말하는 것이다. 부모의 사랑을 받고 자란 아이가 자신을 둘러싼 세계도 사랑할 수 있는 법이다. 이렇게 사랑은 '무쇠 냄비'에 불을 지펴 아이의 활력, 담담함, 경쾌함으로 드러나게 된다. 이 소중한 생명력은 아이가 자신의 운명을 모두 실현하는 데에 정서적인 측면(우정, 섹슈얼리티, 부모가 되고 싶은 욕구)은 물론이고 지적·창의적인 측면(적성, 영감, 열정)에서도 큰 자산이 될 것이다. 아이를 고립된 공간에 혼자 두는 훈육 방법은 아이의 사회적 통합을 충족시

키는 형식을 제공하면서도 분출하는 아이의 에너지를 보존할 수
있다.


**아이의 욕망, 영감, 창의성, 삶의 기쁨, 개성을 무너뜨리는 건 아닐지 걱정
이 됩니다.**


'아이가 하교 후 가족에게 공격적인 감정을 마음껏 '폭발'시키는
이유는 학교에 있는 동안 너무 힘들게 억제했던 것을 분출하기 위
해서다.' 안타깝게도 사람들 사이에 너무 널리 퍼져있는 생각이다.
그야말로 대단한 거짓말이 아닐 수 없다. 다시 한번 말하지만, 이
는 '긍정 교육법' 탓이다. 긍정 교육법은 실제로 "울고 소리 지르
는 행동"이 아이에게 "인생에서 생기는 갈등에 대한 해결책"을 제
시하고, 아이가 자신이 느끼는 "모든 감정을 표현하고 털어냄으로
써 스스로를 진정"시킨다고 주장한다. 또한 "아이에게 감정 표현
을 금지하는 것은 아이를 긴장 상태에 두어 아이가 올바르게 안정
상태로 돌아가는 것을 방해"하며, "억압된 감정들은 다른 아이에
게 공격적으로 투사되거나 언젠가는 분노로 폭발될 것이고 아이
의 정신 구조를 복잡하게 해 불안으로 변모할 것"이라고 말한다.
　이 주장에서 이자벨 필리오자는 아이에게 침묵을 강요하는 것
(예를 들어 자신의 크리스마스 선물이 동생의 선물에 비해 초라하다며 불평하는 것을

　　　　　　　　　　　　　　　　타임아웃 육아법

그만두게 하거나 자신이 좋아하는 파스타가 메뉴로 나오지 않았을 때 이에 대한 불만을 표출하지 못하도록 하는 일)은 아이에게 엄청난 해악을 끼칠 수 있다고 설명한다. 다시 말해 이런 경험이 부모를 비롯한 주변 사람이 나중에 입에도 올릴 수 없는 사건(그에 대해 언급하는 것은 물론 차분히 설명하는 것도 허용되지 않는다), 즉 '트라우마'*와 같은 충격이라는 것이다. 그런데 이 두 가지는 완전히 다른 경험이며, 다행히도 트라우마는 인생에서 그렇게 자주 일어나는 일이 아니다. 주류 언론에서 이런 주장들을 그토록 확신에 찬 어조로 다루는데 과연 부모가 아이의 불평에 맞서 "감정의 수도꼭지 잠그기"를 실행할 수 있을까?

내 시각에서 보는 현실은 이와 정반대다. 엄격함이 적용되는 학교에서 효과적인 방식으로 제어되는 아이의 충동성이 너무도 관대한 부모가 있는 집에 돌아와 갑작스레 터져 나온다는 게 나의 진단이다. 아무것도 아닌 일을 가지고 자신의 형제자매나 부모에게 맘껏 소리를 지르는 아이의 행동에 긍정적인 면이 있다고 정당화하는 일은 도저히 불가능하다. 오히려 아이는 이런 행동으로 인해 자신에 대한 경멸감을 느끼는데, 그러한 자기 경멸이야말로 아이들이 굳이 겪지 않아도 되는 감정인 것이다.

---

* 학대나 가족의 갑작스러운 죽음, 폭력 장면의 목격 등이 이에 해당한다.

아이가 에너지를 분출하면서 얻을 수 있는 이점은 분명하다. 단, 이는 아이의 도덕적 가치관과 욕구가 다른 사람들과 좋은 관계를 유지함으로써 자신을 만족시킨다는 목적과 일치하는 상황에서만 그렇다. 문을 쾅 닫으면서 분노를 표출하는 것을 자랑스러워할 사람은 아무도 없다. 하지만 우리에게는 일부러 음정을 틀리게 노래하고, 아주 볼품없는 춤을 추면서, 또는 몇 시간 전에 아이의 신경을 거스르게 했던 교사를 흉내 내면서 깔깔거리며 즐거워할 시간도 필요하다.

1932년 프로이트는 충동을 '억누르는' 게 아니라 이를 아이에게 '도움이 되는 방향으로 전환'하는 것이 얼마나 중요한지를 강조한 바 있다. '승화'는 바로 이 전환의 움직임을 구체적으로 가리키는 흥미로운 개념이다. 프로이트는 1905년부터 (특히 공격적인) 충동들이 가진 힘이—과거 프랑스 왕들처럼 단순히 섹슈얼리티 또는 난폭성으로의 전환이 아니라—문학적, 예술적, 지적 창조의 에너지, 즉 사회에서 가치가 높다고 평가되는 것들로 전환될 수 있다는 사실을 깨달았다.

부모라면 모두 어렸을 때 싸움꾼이었던 자신의 아이가 커서는 업계에서 인정받는 형사 전문 변호사가 되기를 선호할 것이다. 하찮은 자리를 차지하며 부정을 저지르는 지도자보다는 위대한 정치가가, 음식 중독자보다는 스타 셰프가, 자칭 모르는 게 없는 잘난척쟁이보다는 훌륭한 교수가, 패배를 인정하지 않는 사람보다는 대의명분을 소중히 여기는 전사가, 쉽게 욱하는 사람보다는 훌륭한 운동선수가 되기를 선호할 것이다. 그렇다면 과연 어떻게 이 전환을 장려할 수 있을까?

첫째, 아이에게 몸소 길을 보여주고 방향을 알려주는 방법이 있다. 예컨대 아이 앞에서 싸움을 일삼기보다 아이에게 설명하는 쪽을 선호하는 부모는 아이가 자연스럽게 부모를 따라 하면서 자신의 충동들을 승화시킬 수 있도록 돕는다.

둘째, 아이의 공격적인 충동이 가동되는 길을 막는 방법이 있다. 내가 권장하는 고립된 공간에 혼자 두기, 즉 '타임아웃' 훈육 방법의 일환인 이 '봉쇄'는 중장기적으로 아이가 자신의 '욕구'를 먼저 '환상'으로, 그다음에는 '계획'으로 전환하도록 만든다. 이 방법을 통해 아이는 처음에 가졌던 영감을 실현할 수 있을 뿐 아니라, 사회가 세워놓은 '원칙에 따라 행동하기'를 성공적으로 수행했음을 자랑스러워할 수 있을 것이다. 이렇게만 된다면 아이에게 뭘 더 바랄 수 있을까?

아이에게 정기적으로 다음 사항을 상기시켜 주는 것도 잊어서는 안 된다. "가장 심각한 것부터 아주 사소한 일까지, 가장 도덕적인 것부터 가장 공격적인 것까지, 너는 머릿속에서 무슨 생각이라도 다 할 수 있고 마음으로 모든 고통을 겪을 권리가 있어. 너의 내적 세계는 네 것이고 그 안에서 벌어지는 일은 누구도 감시하거나 판단할 수 없어. 하지만 그렇다고 모든 것을 표현해도 된다는 뜻은 아니야. 우리는 타인의 편안함을 존중하며, 우리가 친절하고 스스로를 제어할 수 있다는 걸 보여줘야 해. 우리가 훌륭한 적응 능력을 갖추고 있다는 것을 지혜롭게, 친절하게, 헌신적으로 입증하기 위해서 말이야. 너의 자유는 타인의 자유가 시작할 때 끝나는 거란다. 다음 두 가지를 동시에 할 수 있다면 너는 진정으로 위대한 사람이 될 거야. 첫째, 네 마음속 깊은 곳에서 무엇을 생각하고 느끼는지 이해하기. 둘째, 너에게 적응하고 노력할 수 있는 역량이 있음을 타인에게 보여주며 네가 인생에서 하고 싶은 것을 찾으러 가기."

아이의 인격을 풍부하게 하는 이 작업은 사회에서 높은 가치를 지니는 아주 확실한 매력 수단으로 작용할 것이다.

# 엘로이즈, 7세

엘로이즈의 엄마는 음식을 해줄 때마다 딸이 고마운 줄 모르고 무조건 "싫어!"라고 한다며 걱정한다. 문제가 점점 더 심각해지자 아이 엄마는 내 조언에 따라 훈육을 2회 진행했다. 매번 딸에게 "고마워요, 엄마. 그런데 배가 별로 안 고파요. 조금만 주세요."라고 공손하게 말하는 법도 알려주면서 말이다. 고립된 공간에 혼자 두는 훈육을 진행하면서 아이는 이전에 했던 자신의 반사적인 행동을 제어하고, 엄마가 알려준 문장을 말하기에 이르렀다. 엄마는 마음속으로 아이를 칭찬했다.

하루는 온 가족이 식탁에 둘러앉아 저녁 식사를 하던 중이었다. 누가 봐도 실패한 요리였지만 모두 묵묵히 식사하던 중에 엘로이즈가 용기를 내서 말했다. "엄마, 엄마가 만든 라자냐에서 신기하게도 굴 맛이 나요!" 가족 모두가 웃음을 터뜨렸다. 엘로이즈의 평가에 동의한 가족들은 모두의 입맛에 맞는 다른 요리를 준비했다. 엘로이즈는 단연코 진정한 승리자였다. 아이는 이 식사 자리를 자신이 내적인 공격 충동(맛없는 것을 먹는다는 불만의 감정)을 조율할 수 있다는 걸 다른 사람들에게 보여주는 기회로 만들었다. 이 충동을 적절한 문장과 타이밍으로 포장해 자신의 메시지가 좋은 사회적 이미지에 도움이 되도록 한 것이다. 아이는 자신의 민첩성과 유머 감각을 드러냈다. 앞서 훈육을 진행했던 엄마는 엘로이즈를 승화(사회적으로 높은 가치인 지적·창의적 노력)의 단계까지 이끄는 데 훌륭하게 성공한 셈이다.


**단순히 변덕을 부리는 게 아니라 정말로 괴로워해요. 아이가 너무 비통하게 웁니다.**


부모가 좌절을 견뎌야 한다고 가르칠 때 아이가 고통을 겪는 건 당연하다. 그렇다고 부모의 훈육에 제동이 걸려서는 안 된다. 욕구불만의 영역에서 두 아이가 겪는 고통을 비교하며 관점을 바로잡을 수 있는 간단한 교육적 연습 방법이 있다.

아동 A의 경우를 보자. 나는 A를 '아동사회지원(Aide sociale à l'enfance, ASE)' 사회복지서비스의 일환으로 만나게 되었다. 아이는 전쟁과 기근, 피난을 경험한 후 2년 전 프랑스에 오게 되었다. 트라우마를 겪고 조국을 잃은 슬픔에 빠져 고립된 나날을 보내는 부모와 홀로 남겨진 상태였다. 아이 아빠는 가족은 물론 사회적 기능, 존엄성까지 모든 걸 잃었다고 말했다. 가족의 정착을 반기지 않는 이곳에서 혼자의 힘으로는 아무것도 못 한다고 느끼며 며칠 밤을 술로 지새우곤 했다.

고통 속에서 살던 아이 아빠는 아이 엄마에게 폭력적인 행동을 하기에 이르렀다. 어느 날 아이는 아빠가 엄마에게 폭력을 가하는 모습을 목격한 후 눈물을 흘렸고, 사랑하는 엄마에게 공감하면서 고통스러워했다. 동시에 엄마를 잃을까 봐 걱정하면서 엄마가 죽으면 자신의 미래는 어떻게 될지 몰라 두려움에 떨었다. 아이는 어두운 방구석에 웅크려 앉아 모든 것이 멈추길 기다리며 울음을 그치지 못한다. 이 장면을 기억하자.

이제 아동 B의 경우를 보자. 아이는 부모와 함께 나를 찾아왔는데, 서로 사랑하는 이 부부 주변에는 든든하게 아이를 돌봐주는 가족들이 늘 함께한다. 특별히 아픈 곳 없이 자란 아이는 엄선된 소아과 의사에게 진료를 받는다. 만에 하나 교사가 아이를 어떤 방법으로든 거칠게 다룰 기미가 보이면 부모는 아이를 보호하기 위해 당장 대응할 것이다. 방학 때면 아이는 지적인 경험을 할 수 있는 환경에서 여행하고 매일 주변 사람들의 귀여움을 독차지한다. 아이는 몸에 좋은 음식을 먹고 신체적인 운동을 한다. 생일과 연말이 되면 터무니없이 많은 수준의 선물을 받는다.

8월 어느 날, 해변에서 B가 사촌들과 식탁에 둘러앉아 있었다. 햄버거 세트와 아이스크림을 먹은 후 아이는 그 전날 사촌이 그랬던 것처럼 두 번째 초코 아이스크림을 달라고 했다. 부모는 "오늘 기름진 음식이랑 단 거 이미 너무 많이 먹었어. 아이스크림은 내일 먹자."라며 거절했다. 전날부터 아이스크림을 더 먹고 싶었던 아이는 부모의 행동이 부당하다고 생각하고는 멈출 기색 없이 소리를 지르며 울었다.

**질문 1:** 두 아이가 겪는 고통 중에 더 진실되고 강도가 심한 고통이 있는가? 정답은 '아니다'이다. 아이들은 자신의 고통이 얼마나 정당한지 전혀 인지하지 못하기 때문에 자신의 고통을 타인의 고통과 비교할 수 없다. 아이는 자신이 처한 각각의 상황에서 욕구 불만이라는 고통의 동굴 속에 빠져 헤어나지 못한다.

**질문 2:** 이 두 아이의 고통에 대해 동일하게 대응해야 할까? 정답은 이번에도 역시 '아니다'이다. 다음은 A를 진료실에 데려왔던 이에게 전하고 싶은 말이다. 일상에서 집중적인 지원을 통해 아이가 웃음을 되찾고 매 순간 편안함과 만족감, 기쁨을 느낄 기회(외출하기, 맛있는 음식 먹기, 영화 보기, 보드게임 하기, 칭찬하기 등)를 제공하면서 아이의 우울증을 치료하는 게 필요하다. 정신적 상처를 입은 이 아이가 삶의 기쁨을 되찾고, 감정을 느끼고, 사람과의 관계를 경험하며, 무언가에 집중하고픈 욕구, 바람, 긍정적인 생각들을 할 수 있도록 도와주는 게 목표가 되어야 한다.

반면 B가 자신의 행동으로 교육적 한계를 호소하는 순간, 부모는 다음과 같이 말해야 한다. "네가 많이 실망한 거 이해해. 그런데 이건 그렇게 심각한 문제가 아니야. 네가 이렇게 행동할 이유는 전혀 없어. 지금 마음을 진정시키는 게 어려우면 네 방에 잠시 가있어. 엄마/아빠가 찾으러 갈게." 아이의 이 일시적인 울음은 피할 수 없이 극복해야만 하는 것으로 받아들여져야 한다. 이는 아이가 단계적으로, 그리고 필연적으로 좌절을 배우는 과정에 동반되는 것이기 때문이다.

이 분석을 통해 부모는 B('유형 4'인 한계 부족의 문제를 겪고 있는)에게 무조건적으로 공감하지 말아야 한다는 사실을 알게 된다. 그런 공감은 오히려 역효과를 부를 뿐이다. B는 부모의 지원과 보상이 항상 필요하다는 이유로 울고 소리를 지르는 것이 아니다. 또한 이 분석은 A와 유사한 어린 시절을 보낸('유형 2'인 우울증, 애정 결핍과 지지 부족을 겪고 있는) 부모가 과거에 자신이 겪은 것과는 다른 형태의 울음과 호소를 알지 못할 때 특히 유용하다. 간혹 아이를 제어하는 데 곤욕을 치르거나 아이의 흥분을 완화시키는 데 어려움을 겪는 부모를 마주할 때면 나는 부모의 이름을 알려달라고 하고 다음과 같이 말한다.

"(자녀의 이름)은/는 너무 잘 크고 있습니다. (부모의 이름)와/과는 다른 어린 시절을 보냈죠. (자녀의 이름)은/는 전혀 다른 인생을 살고 있어요. 아이는 매일 최선을 다해 자기를 돌봐주고 행복하게 해주는 부모를 믿고 의지할 수 있습니다. (자녀의 이름)에게는 상처 난 곳에 붕대를 감아주고 따뜻한 손길로 눈물을 닦아주는 손길이 필요했을 (부모의 이름)와/과는 전혀 다른 것이 필요합니다. 당신은 지금 두 가지를 혼동하고 있습니다. 당신이 고치려고 하는 것은 어린 자신이지 (자녀의 이름)이/가 아닙니다. 그리고 본의 아니게 아이를 또 다른 위험에, 또 다른 고통 속으로 빠트리고 있고요. 아이를 자신의 어린 시절과 겹쳐 봄으로써 생기는 이 혼동을 중단해야 합니다. 그렇지 않으면 아이는 자신이 정작 필요로 하는 것을 받지 못하게 됩니다."

정신적 상처를 입었던 어린 시절의 자신을 올바르게 평가하고, 어린 자신과 현재 부모로서 자신의 모습을 성공적으로 분리하기 위해 부모에게 치료 프로그램을 권하는 것도 가능하다.


## 1세가 넘은 아이에게 이 훈육 방식을 시작해도 늦지 않을까요?

일반적인 성장 과정에서 훈육은 1세 전후에 시작되고, 2세가 되면 아이는 전반적으로 얌전해진다. 3세에는 대개 규율을 위반하는 행동이 없어지고 한계 학습이 잘 진행된 상태로 어린이집 생활을 시작한다. 그래도 7세까지는 일상생활에서 훈육을 부르는 행동을 (차츰 없어지기는 하지만) 계속한다. 아이에게 "언니 귀찮게 하지 마. 계속 그러면 네 방에 가서 있어야 해."라고 말해야 하는 경우가 이에 해당된다.

한계 설정을 뒤늦은 시기에 경험하는 아이들(또는 나이를 좀 더 먹은 뒤에 흥분이 특별히 심해지는 아이들)도 있는데, 이 아이들은 꽤 자란 뒤에도 규칙을 어기고, 여전히 무례하며, 반항적인 행동을 한다. 이런



타임아웃 육아법

경우 부모는 자기 아이가 절대로 바뀌지 못할 거라고 느낄 수도 있지만, 그런 부모와 아이에게 용기를 주고, 아이가 옳은 길을 향해 가도록 지지하는 것이 바로 심리학자의 역할이다. 올바른 방법은 언제나 통하는 법이다!

부모는 아이가 한계를 호소하는 순간부터 즉시 아이에게 필요한 한계를 설정해 주어야 한다. 이미 17세가 된 아이에게 새로운 한계를 설정하는 것은 당연히 더 어렵다. 하지만 부모의 적극적인 참여와 자신의 증상에서 벗어나려는 아이의 굳건한 의지, 학교와 직장에서의 '틀'과 같은 사회적인 제어가 함께한다면 이 목표도 충분히 달성할 수 있다. 가끔은 권위적인 분위기의 기숙학교도 도움이 될 수 있다.


## 훈육의 형태가 나이에 따라 진화해야 할까요?

아이에게 외출이나 친구 만나기, 디저트를 금지하는 것은 민감한 사안이다. 나는 늘 고립된 공간에 혼자 두는 훈육 방법으로 공격적 충동을 제어하기를 선호한다. ("엄마/아빠한테 그런 말투로 말하는 건 용납할 수 없어. 그만 먹고 지금 당장 네 방으로 가.") 이 방법이 현시대의 흐름에 가장 충실하면서도 덜 폭력적이라고 생각한다. 그런데 청소년기 아이에게는 자기 방에 혼자 두는 훈육만으로는 충분하지 않을 때가 있다. 특히 유아기에 한계 설정이 잘못 수립되었을 경우 더욱 그렇다. 그럴 때는 종종 휴대폰, 태블릿, 컴퓨터, 용돈, 외출을 동시에 또는 개별적으로 금지하는 방법도 있다. (청소년용 '타임아웃 솔루션'이 198페이지에 있다.)



타임아웃 육아법

# 가족의 과거를 돌아보는 일

## 부모-자녀 관계에서 한계 문제를 찾아야 할 때

나는 한계 문제로 아이를 상담에 데려오는 부모의 절반(특히 개인 병원을 찾는 이들)은 심리학자를 만나기 전까진 일상에서 자녀의 충동성을 제어하는 법을 정말로 모른다고 생각한다. 다시 말해, 이 문제가 부모가 겪었던 어린 시절의 고통보다는 단순히 정보가 부족해 교육 체계가 정상적으로 기능하지 않기 때문에 발생한다는 의미다. (그래도 아이의 교육이 부모의 사연과 관련성이 있다는 점은 확실한데, 대표적인 예로는 어린 시절 엄마 손에서만 자란 아이 아빠가 자신의 아이에게 금지 사항을 설정하는 데 어려움을 겪는 경우가 있다.)

물론 한계 설정이 어려운 이유가 가족적 기능과 조금 더 깊이 연관된 경우도 있다. 결론적으로 그 문제의 근원은 모든 종류의 지속적이고 반복적인, 또는 어느 정도 의식적인 회복 과정에서만 찾을 수 있다.

- **어린 시절 부모는 한계 설정이 잘못된 아이였다.** 부부간의 관계(끊임없는 부부 갈등)나 자녀와의 관계(욱하는 성격, 말대꾸, 고함 등)에서 부모 자신의 충동성이 계속 발현된다. 대개 이런 부모는 과거에 자신의 부모로부터 권위에 대한 위압감을 경험한 적이 전혀 없다. 진료실을 찾는 가족 중에는 어른과 아이의 구분은 물론 어른들이 제공해야 하는 성숙함도 찾아볼 수 없는, 다시 말해 기린 같은 어른의 부재로 인하여 충동 폭주의 모습을 보이는 경우가 많다.
- **어린 시절 학대받았던 부모를 키운 건 다름 아닌 폭군 부모였다.** 어렸을 때 독재와 권력의 남용이라는 나쁜 경험을 가진 부모는 엄격한 부모의 역할 수행을 거부함으로써 결국 자신의 아이를 안하무인으로 만들어 고통 속으로 빠트린다. 그렇게 어린 시절의 트라우마에 사로잡힌 일부 부모는 자신의 아이에게 권위를 전혀 세울 수 없을 뿐만 아니라 (그게 잘못된 행동인 것을 잘 알고 있음에도 불구하고) 심지어 다른 학부모에게 자신과 같은 태도를 취할 것을 당부하곤 한다.

# O씨(여성)

아주 어릴 때부터 문제 행동을 일삼고 불손한 태도를 보였던 한 20세 청년의 엄마 이야기를 해볼까 한다. 아들은 시도 때도 없이 엄마에게 욕설을 하고, 엄마는 아들을 나무라며 협박으로 대응한다. O씨는 아들 문제로 덫에 단단히 빠진 듯한 모습이었다. 이 갈등을 중재하기 위한 아빠의 개입이 있었는지 물어보자, 엄마는 펄쩍 뛰며 아빠의 방식이 "너무 지나치고, 심하고, 냉정하다."라고 평가했다.

하지만 무려 18년째 엄격한 모습을 보였던 아빠는 O씨의 설명과는 달리 절대로 폭력적이지도, 모욕적이지도, 위협적이지도 않았다. 결국 해결책은 가정이라는 울타리 속에 있었지만, 어린 시절 아빠의 학대 속에서 자란 트라우마 때문에 O씨는 이를 한 번도 고려한 적이 없었던 것이다. 남편이 제안한 지극히 정상적인 교육적 단호함이 O씨에게는 아버지가 자신에게 가했던 비이성적이고 위협적인 폭력으로 보였기 때문이다.


부모 중 한 명이 통제력이 아주 부족한, 즉 분노를 폭발하는 부모 밑에서 자란 경우, 자신의 아이가 보이는 흥분성(과거 자기 부모가 보여주었던 것과 유사한)에 대한 허용 기준이 너무 높게 설정됨에 따라 아이는 사회규범에 필요한 항목들을 갖추지 못하게 된다. 이런 부모는 눈앞에서 벌어지는 아이의 충동적 폭발을 적극적으로 제어할 수 없다. 마치 어떠한 체계적인 방법도 선택사항도 없이, 그저 복종할 수밖에 없었던 어린 시절 자신의 모습처럼 말이다. 과거 자신의 충동성을 적절히 제어하는 모델을 경험해 보지 못한 부모가 어떻게 지금 자기 아이의 충동성을 제어할 수 있겠는가. 아이의 충동성이 폭발한 상황 앞에서 부모는 철저히 마비된 채, 지금 눈앞에 보이는 아이와 어린 시절 자신의 모습을 혼동하면서 아연실색한 채 할 말을 잃을 뿐이다.

‣ **엄마가 아이를 도구화한다.** 배우자가 아이에게 가지는 권위를 엄마가 도구화하는 예도 있다. 아주 특이하고 은밀한 이 권력 놀이를 나는 자주 목격한 바 있는데, 대표적으로는 엄마가 배우자와의 갈등을 협상하기 위한 목적으로 아이에 대한 배우자의 개입을 방해(교육 원칙이나 배우자의 말투와 정당성에 대한 비판 등 여러 가지 변명을 이유로)하는 경우가 있다.


III

# V씨 (여성)

7세 아들의 심각한 행동장애로 큰 어려움을 겪던 한 엄마

에밀이 어렸을 때
아빠와 함께

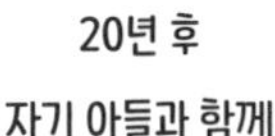

20년 후
자기 아들과 함께

가 떠오른다. 아이 엄마는 퇴근한 남편이 아이를 꾸짖으려고 할 때마다 바로 개입하곤 했다. 처음에는 "아이를 혼낼 때 당신 모습이 형편없다(말투는 물론 아이에 대한 시선 처리가 잘못됐다는 지적 등)."는 말로 시작하더니, 급기야 "집에 맨날 늦게 들어오고 아이와 아무것도 안 하면서 무슨 자격으로 아이를 혼내려고 하느냐."라고 하기에 이르렀다. 그리고 결국 아내는 진짜 불만을 토로했다. "집에 늦게 들어오는 것도 그렇고, 자기 삶의 방식을 나한테 맞추라고 강요하면서 당신은 나를 지배하고 있다. 나까지 모자라 아이도 지배하려고 한다면 가만있지 않겠다."

모든 양육은 부모가 자신들이 원하는 부모의 표상을 함께 만드는 과정으로 구성된다는 사실을 다시 한번 상기하면 좋겠다. 심리학자는 아들을 둔 부모가 자신의 아버지와 형성한 관계를 아들과 재현하게 될 가능성이 얼마나 큰지 잘 알고 있다. (딸의 경우, 부모 각자의 어머니와의 관계가 재현된다.)

특히 엄마는 자신이 아버지와 맺어온 관계에 기반해 아빠-아이의 관계를 단단히 만들고 싶다는 충동을 가질 수도 있다. 가모장적 가정에서 자란 엄마들은 아이 아빠에게 역할을 맡기고 싶은 열망을 갖지만, 통치력과 절대 권력을 가진 엄마라는 표상의 강한 이미지 때문에 이를 실현하지는 못하는 경우가 많다.

 타임아웃 육아법

## 심리상담은 과연 언제 해야 할까?

심리학자는 아이가 자신의 심리적 욕구들에 직면할 때 더 조화롭고 일관성 있으면서 효과적인 방법으로 단호한 교육 환경을 찾을 수 있도록, 부모와 자녀 간, 또는 부부 간의 잠재적 불균형을 식별하고 이를 해결할 수 있어야 한다.

나는 다른 문제는 없이 오직 한계 설정이 잘못된 아이가 매주 부모 없이 심리학자를 만나는 것은 소용이 없다고 생각한다. 일반적인 형태의 상담은 아이가 이미 집에서 가족들에게 충분히 표현 중인 불평불만과 요구사항을 늘어놓는 새로운 공간을 제공할 뿐 별 의미가 없다. 하지만 고립된 방에 혼자 두는 훈육을 철저히 진행하도록 부모를 지도하는 경우에는 일반적으로 2~3회에 걸친 가족 상담이면 아이의 자연스러운 충동을 제어하기에 충분하다. 물론 아이가 어리면 어릴수록 부모가 말하는 '마법 같은' 효과를 빨리 볼 수 있다.

부모를 향한 적극적인 지지가 중요한 이유는 무엇일까? 아이의 교육적 발판을 세울 수 있도록 아이를 지원하는 건 다름 아닌 부모이기 때문이다. 첫 만남 후 이어지는 상담 시간에 부모들이 아이가 "노력을 많이 하고 아주 좋아졌다."라고 말하면 나는 매번 부모가 한 말을 수정한다. 아이가 한 거라고는 자기가 필요한 것을 호소한 일밖에 없으며, 아이에게 이를 제공하기로 결정한 부모야

말로 칭찬을 받아야 하는 대상이라고 말이다!

훈육하기를 불안해하는 부모들에게는 이렇게 말한다. 훈육을 통해 아이를 둘러싸고 있던 '공격적인 충동이라는 안개'가 서서히 걷히면서 아이는 사회라는 무대로 나가 자신의 가치를 높일 수 있을 뿐만 아니라 더 즐겁고 경쾌하며, 잘 웃고, 타인과 나누는 것을 좋아하는 아이가 될 것이라고. 이제 아이에게는 앞으로 다가올 관계의 풍요를 즐길 일만 남았다고 말이다.

2~3회 상담 후 처음 진료실을 방문했던 아이에 대해 더 이상 상담할 내용이 없다고 판단하면, 부모는 대개 아이의 동생에 관한 얘기를 꺼낸다. 여태까지 천사같이 착했던 아이가 갑자기 다른 사람이 되었다고 말이다. 그럴 때면 나는 아이들은 가정에서 자신에게 주어진 자리를 차지하고 있으며, 자신의 충동성을 누르면서 먼저 다른 형제자매가 부모에게 한계 설정을 호소하도록 자리를 내어주는 것이라고 설명한다. 그래서 한 아이의 문제가 해결됨과 동시에 그동안 보류되었던 다른 아이의 충동성이 튀어나오는 것은 자연스러운 일이라며 부모를 안심시킨다. 다른 아이의 상태가 걱정할 만한 수준이라면 당연히 내 동료에게 진료를 받으라고 권한다. 그렇지 않다면 부모가 아이의 충동성을 제어하기 위해 익혔던 방법을 동생에게도 사용하라고 조언한다.

그런데도 타임아웃 솔루션을 따르기를 여전히 망설이는 부모가 없지 않다. 주로 과거의 트라우마에 사로잡혀 있거나 철저한

 타임아웃 육아법

방임주의 양육 방식을 고수하는 이들이 그러하다. 이런 부모에게는 아이의 기숙학교 입학을 고려해 볼 것을 제안한다. 한계를 체계적으로 설정할 기회를 제공하면서도 평온한 주중 생활을 보내는 방법일 수 있다.

아빠의 부재가 고민이라면 아이에게 사회규범과 일상에서의 예의범절을 가르치며 엄격한 아빠의 역할을 할 수 있는 표상을 찾으라고 권한다. 그런 역할은 가족 구성원이나 친구, 이웃과 동료 등이 맡아줄 수 있다. 그런 후 엄마와 아이가 동의한다면 그 사람을 상담 과정에 참여시킬 수 있다.

155페이지에서 언급한 바 있는 프랑크와 오메르가 추천하는 방법들, 즉 부모의 '참관(sit-in)' 교육, 지지 조직의 결성, 공권력 개입을 위한 서면 작성 등은 폭군이 된 아이에게 휘둘려 부모나 부모 중 한 명의 권위가 무너지고 주객이 전도된 상황에서 유용할 수 있다.

교육 전문가가 가정을 방문하여 부모가 아이의 한계를 더 잘 설정할 수 있도록 가르치는 경우도 점점 더 많아지고 있다. 이러한 교육적 접근 방법은 어린 시절 부모의 부재 속에서 자라 일상에서 어떤 어조와 태도로 아이를 대해야 할지 알지 못하고 어려움을 겪는 부모들에게 특히 효과적이다.

과거 어른들은 '평범한'이라고 이름 붙인 '교육적 폭력'을 통해서 아이들의 정상적인 충동성을 제어했다. 그 시절 어른들은 몰랐지만, 사실 이 '평범한' 방법, 폭력적인 방식은 오히려 아이의 충동성을 더 높이는 결과를 초래했다. 오늘날 우리는 폭력이 결국 폭력을 부른다는 사실을 확실히 알고 있다(Miller, 1985). 1932년 프로이트는 "지금까지 교육은 결함이 많은 방식으로 임무를 수행해 왔으며, 아이들에게 크게 해를 끼쳤다."라고 평했다.

사회는 점점 아이들의 행복 실현에 이로운 방식으로 진화하고 있다. 서서히 아이들은 하나의 "인격체"로 여겨졌고, 이를 통해 온당한 자유를 누리며 법적 보호를 받을 수 있게 되었다. 이러한 변화 속에서 아이가 자신의 모습 그대로 온전하게 성장할 수 있도록 교육하는 것이 새로운 최우선 과제로 떠올랐다. 다양한 이데올로



타임아웃 육아법

기가 싹트기 시작했고, 긍정 교육법, 이른바 '관대한 교육법'이 이 담론에 합세했다. 긍정 교육법은 아이들이 완벽하게 통제된 상태에서 아무런 갈등 없이 날개를 활짝 펼 수 있게끔 도와주는 관대하고 호의적인 교육 방법론을 제시했다. 그리고 우리가 눈치채지 못한 사이에, 온갖 폭력을 행사하며 마치 왕처럼 군림하는 아이들이 태어나게 되었다(Eliacheff, 1996)!

그렇게 우리는 새로운 시대의 덫에 빠진 것이다. 이제 '행동장애를 보이고 욕구불만을 견디지 못하는' 아이들을 위한 심리상담 건수가 늘어나고 있다. 아이러니한 것은 누구보다도 체계적인 구조 속에서, 헌신적이고 평안하고 사랑이 넘치며 부유하고 즐겁고 많은 격려를 받는 환경에서 자란 아이들에게 이런 문제가 발생한다는 것이다.

그렇다면 너무나 흔하게 발견되는 이 교육적 한계 설정의 문제를 과연 어떻게 해결할 수 있을까? 지극히 정상적인 아이가 격렬하게 흥분하는 모습이 우리에게 던지는 화두를 정직하게 마주하면서, 동시에 지난날의 교육적 폭력이라는 덫에 빠지지 않고서 말이다.

우리는 과거의 극단적인 교육이 지닌 폭력성과 현재 긍정 교육법이 상품화하려는 인간의 공격성, 즉 아이와 부모의 공격성에 대한 전면적인 부정 사이에서 실제적인 대안을 찾아야 한다. 무턱대고 부정하는 것은 폭력과도 같다. 그런 무책임한 부정은 언젠가는 실패하기 마련이다. 이대로 아이가 실패하도록 내버려둘 수는 없다.

내가 제안하는 '타임아웃 솔루션'을 적용하면 아이는 자신의 증상에 대해 더 이상 죄책감을 느끼지 않고 이 핵심적인 발달 단계를 큰 무리 없이 넘을 수 있다. 또한 사회적 낙인이 아이의 자존감에 미치는 부정적인 결과들을 종식시키고 아이의 발달과 관련된 모든 측면에 밀접히 관여하는 부모와 아이 간의 관계를 지속적으로 안정시킬 수 있다.

아이들의 '그릇'(한계)에 대한 구조적 접근은 아이의 심리적·정서적 '내용물'에 대한 작업만큼이나 중요하다. 왜냐하면 이 역시 아이의 정신 건강에 결정적인 영향을 미치기 때문이다.

나는 진료실을 찾은 부모와 청소년기 아이들의 이야기를 들으면서 놀라운 사실을 하나 알게 되었다. 어린 시절에 약간의 결핍(기본적으로 필요한 것은 충족되었지만 사랑과 애정은 우선순위에서 밀려난 분위기의 가정, 예컨대 아이에게 관심이 별로 없거나 감정 표현 불능증[*]을 앓는 부모 아래에서 성장한 경우와 형제자매가 많은 집안에서 자란 경우 등)을 경험했더라도 일상에서 평균보다 높은 강도가 요구되는 사항들(일찍 기상하기, 장애가 있는 형제자매나 할머니 돌보기, 밭일 돕기, 시장에서 일손 거들기, 운동 대회 출전 등)로

---

[*]　환상과 정서는 배제한 채 오로지 사실에 근거한 '합리적인' 이야기만 하는 성격을 일컫는다.

통제력을 갖게 된 아이는 인생을 살아가면서 큰 어려움 없이 날개를 활짝 펴고 날아오를 수 있으며, 올바르고 건강한 개인으로 성장한다는 점이다. 그런 아이들은 사회적 통합이라는 목적을 가진 이 규율을 통해 어린 시절에 경험하지 못했던 자유로움과 사랑, 형제자매의 따뜻함, 기쁨, 유머, 환상, 창의성을 만나는 데 필요한 방법과 심리적 여유를 얻을 수 있었다.

참 역설적이게도 어렸을 때 과도한 사랑을 받은 아이는 정반대의 모습을 보이는 경우가 많다. 자신에게 주어진 모든 의무와 규칙에 대해 매번 협상할 수 있는 환경 속에서 여유롭게 지냈던 아이는 업무적이든 개인적이든 삶의 고난과 역경을 맞닥뜨렸을 때 길을 잃은 채 완전히 혼란에 빠진 모습을 보인다. 그들의 즉각적인 욕구 충족과 쾌락 추구를 중시하는 성향이 자신의 일과 그 일의 엄중함을 자동적으로 매장해 버린 것이다. 결국 이러한 태도는 그들을 피할 수 없는 사회적, 관계적, 그리고 자기애적 몰락으로 이끌게 된다. 스스로 나락으로 떨어지는 모습을 지켜보고 있는 아이는 훗날 자신이 세상에 적응할 수 없다는 잔혹한 현실을 직면하게 된다.

아이의 양육과 교육에 참여하는 이라면 아이의 안하무인적인 태도가 치명적인 장애로 변모하는 아이러니하고 비극적인 상황이 불쑥 나타날 위험을 늘 염두에 두어야 한다.

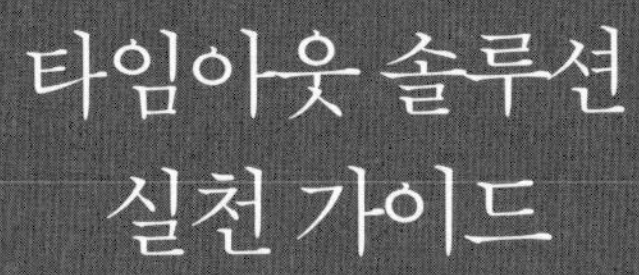

타임아웃 솔루션
실천 가이드

아동용 솔루션

# 1세부터 점진적으로
# 금지해야 하는 행동 예시들

☑ 지나치게 말을 많이 하기, 큰 소리로 말하기, 소리 지르기, 대화 중 말 끊기, 시끄럽게 소리 내기 (식탁, 공공장소 등)

☑ 징징대기: 사소한 일에 짜증 내기, 모든 것에 불평하기, 불만 표출하기

☑ 지시를 따르지 않거나 시간을 끌며 뭉그적거리기 (양치하기, 옷 입기, 장난감 정리하기, 숙제하기, TV나 태블릿 등 전자기기 끄기와 잠자리 들기를 거부하는 행동 등)

☑ 타인에 대한 존중과 배려 부족 (타인을 향한 인사나 고맙다고 말하는 일 거부하기, 친구에게 물건 빌려주지 않기, 4세 이상인데도 식사 자리에서 트림하기, 패배를 인정하지 않기, 주변 공간이나 물건, 공책 등을 훼손하거나 정리하지 않기 등)

☑ 부모나 형제자매, 또는 친구들에 대한 거친 말, 욕설, 도둑질, 폭력, 그뿐 아니라 부적절한 말투와 무시하는 태도를 보이고 무례한 과잉 행동을 일삼기, 부당한 비난으로 협박하기, 부모에게 원하는 것을 집요하게 요구(물건을 사달라고 떼쓰기)하거나 감정을 도구로 폭군처럼 행동하기, 과도하게 반응하거나 심한 감정 기복 표출, 예를 들어 "엄마 아빠는 날 사랑하지 않아."라며 자신을 피해자로 표현하기 등

☑ 식사 도중 자리 뜨기, 그날 준비된 음식을 안 먹겠다며 다른 걸 달라고 하기

☑ 1세 무렵: 식사 자리에서 밥그릇과 숟가락 집어 던지기, 오븐의 다이얼 가지고 놀기, 식탁보 잡아당기기, 리모컨 낚아채기, 냉장고 문 열기 등

# 아이가 지시를
# 따르지 않는다면

☑ 어떤 상황에서도 아이가 어긴 규칙이 그 아이를 정의할 수 없다는 점을 기억해라. 태어날 때부터 '감당하기 어려운' 또는 '지시를 따르지 않는' 아이는 없다. 근본적으로 모두 얌전하고 '착한' 아이, 순하고 사회적으로 잘 적응하며 사람들이 좋아하는 아이가 되고 싶어 한다. 아이는 그저 '아이의 일'을 하고, 아이가 성장하는 데 필요한 한계를 부모가 설정해 주기를 바랄 뿐이다. 이는 보편적이고도 지극히 정상적인 발달 단계이다. 부모가 부모의 몫을 할 차례다. 이 과정을 거친 후 아이는 다음 단계로 넘어갈 것이다.

☑ 때리지 않는다. 폭력으로 위협하지 않는다. 소리 지르지 않는다. 이런 방법은 아이의 공격성을 더욱 자극해 역효과를 낼 수 있다. 아이에게는 통제력을 배우라고 요구하면서 부모가 아이 앞에서 통제력을 잃은 모습을 보여줘서는 안 된다. 지키지 못할 말을 경솔하게 내뱉지 않는다. 부모는 자신들의 말로 신용을 잃게 된다. 아이의 자기애를 다치게 하지 말라. "너를 정말 감당할 수가 없어, 너 때문에 너무 피곤해."와 같은 언행은 무의미하고 부당하다. 아이는 부모가 내어준 공간을 차지하거나, 부모의 충동적인 행동에 그저 반응하고 있을 뿐이다. 오히려 부모는 아이의 자존감 형성을 적극적으로 도와줘야 하는 사람이다.

☑ 이전에 엄마와 아이의 관계가 더 돈독하고, 친밀하고, 본능적이었다면 이 두 사람을 상대로 한 아빠의 개입은 이제 중요한 역할을 한다. 아빠는 규칙을 구현하고 아이를 상대로 권위를 세워야 한다. 양육의 많은 부분이 이루어지는 저녁 식사 자리에서 아빠의 존재가 중요한 이유이다. 아빠가 함께하지 못하면 엄마가 아빠의 자리를 상징적으로 대신할 수 있다. "방금 한 행동에 대해서 나중에 아빠한테 얘기할 거야."와 같은 말이 하나의 예가 될 수 있다.

☑ 1~2세 사이: 아이의 눈을 쳐다본다. 몸을 낮춰 아이의 눈높이에 맞춘 뒤, 침착하지만 단호하게 금지 사항을 설명한다. 이때 같은 항목에 대해 세 번 이상 설명하지 않도록 한다. 아이에게 반복해서 이야기할 필요는 없다. 안타깝게도 아이는 정보를 숙지하는 것만으로 얌전해지진 않는다. 아이는 좌절을 겪으면서 비로소 규칙을 받아들이게 된다. 이후 아이에게 같은 행동을 또 반복하면 훈육이 있을 것이라고 알려준다. 2세 이상이면 간단하게 "그만해, 아니면 방으로 가. 셋까지 셀 거야."라고 말한다.

☑ 그래도 문제 행동을 계속하면 당장 아이 방이나 다른 안전한 장소로 가게 한다. TV 같은 미디어 기기가 없고 공용 공간에서 멀리 떨어진, 고립된 공간에 아이를 혼자 둔다. 말을 최대한 하지 말고, 문을 닫고 나온다. 방문은 잠그지 않지만, 방에서 나오는 것을 금지한다. "지금 벌받는 중이야. 데리러 올 때까지 나오지 마."라고 말해준다. 문제 행동에 상응하는 적당한 훈육 시간이 지났거나 아이의 울음이 좀 잦아들면(이는 욕구했던 대상에 대한 단념의 표시다) 아이를 밖으로 나

오게 한다. 한계가 설정될 것이다.

☑ 훈육 과정에서 아이가 지시를 따르지 않을 때, 즉 방으로 가기를 거부하거나 방에서 나오려고 시도하고 부모를 부르고 방문을 두드리고 시끄럽게 하고 벽에 장난감을 던지는 등의 상황이 발생할 때 부모가 쓸 수 있는 유일한 방법은 아이가 방에 있는 시간을 늘리는 것이다. 예컨대 "그러면 방에 20분 더 있어."라고 말하라. 이 방법을 쓰면 강압적인 폭력의 악순환(때리기, 소리 지르기, 끊임없이 반복하기, 협박하기, 신경질 내기, 육아 피로에 시달리기)에 빠지는 것을 막을 수 있다. 이는 아이의 정신적·육체적 상태를 존중하면서도 효과적인 훈육을 할 수 있는 방법이다.

☑ 아이가 왜 이렇게 해야 하는지 따져 물어도 협상이나 논쟁을 일체 허용해서는 안 된다. 아이가 부모의 태도를 비난하기 시작한다면 상황을 객관적으로 보고 단호하게 말하라. "나중에 커서 부모가 되면 그때 네가 하고 싶은 대로 해. 지금은 내가 어른이야." 아이는 자신이 내뱉은 말의 영향력이 미치는 범위를 정확히 인지하지 못한 채 자신이 가진 힘의 한계를 시험하는 것이다. 방에 있어야 하는 시간을 물어도 구체적인 정보를 줄 필요는 없다. 순순히 방으로 들어가려고 해도 특별한 반응을 보이지 말고, 훈육이 끝났다고 해서 억지로 방에서 나오게 하지 마라. (다른 예외적인 이유가 있을 경우엔 제외되는 사항이다.)

☑ 아이의 잘못된 행동에 대한 결과는 부모가 아닌 아이가 감당해야 한

다는 사실을 기억해야 한다. 단호하고 확고부동하며 당당하고 침착한 자세를 취해라. 규칙을 어기면 아이는 그에 대한 대가를 치른다. 이는 아이의 문제이고, 부모가 개인적으로 영향을 받을 이유는 전혀 없다. 요컨대 부모에게 영향력을 행사할 권한을 아이에게 주지 마라. 그러면 아이는 불안감을 느낄 것이다.

☑ 필요하다면 훈육의 시점을 달리하는 방법을 사용해라. 산책을 하고 돌아와서, 다음 날 아침, 하교 후 저녁 시간 등을 고려할 수 있다. 3세 이상의 경우에는 다음 주 일요일까지 훈육을 지연시켜도 괜찮다. 그러나 반드시 의무적으로 훈육의 시간을 가져야 한다. 부모의 부재 시, 베이비시터나 조부모나 교사 등과 함께 있을 때 일어난 규칙 위반은 이 방법을 통해 반드시 훈육하도록 한다. 이렇게 함으로써 부모가 없을 때 일어난 일에 대해서도 아이는 부모에게 보고할 필요가 있음을 깨닫고, 부모가 자신의 충동성을 제어해 줄 수 있는 존재임을 느끼게 된다.

☑ 만약 시간과 장소의 제약으로 당장 아이를 훈육할 수 없는 상황이라면, 예를 들어 숙제 시간이나 목욕할 때나 운전 중 차 뒷좌석에서 아이의 흥분이 고조될 경우라면, 잘못된 행동으로 낭비되는 시간이 그만큼 훈육 시간에 추가될 것이라고 분명히 말한다. "소리 지르는 데 쓰는 시간 혹은 숙제를 안 하는 시간만큼 네가 방에 들어가 있는 시간은 늘어날 거야. 집에 도착하면 혹은 숙제를 끝내면 바로 벌을 받게 될 거야. 엄마가 너라면 빨리 말을 들을 것 같은데."라는 식으로 말하면 된다.

☑ 아이가 문제 행동을 할 때마다 훈육을 바로 다시 시작해야 한다. 문제가 몇 번이고 연속적으로 발생한다 해도 거침없는 태도를 유지하는 게 중요하다. 부모가 아이에게 이렇게 요구하는 것은 정당한 것으로, 이 훈육 방식은 아이가 사회생활에 필요한 도구를 마련하게 도와줄 것이다. 책과 장난감으로 가득한 아이 방으로 아이를 보내라. 그리고 모든 1세 이상의 형제자매에게는 똑같은 방식을 적용하는 게 좋다.

☑ 부모 간의 의견 일치는 전적으로 확실히 이루어져야 한다. 예컨대 상대방이 "엄마 말 들어!"라고 말하며 아이를 심하게 꾸짖을 때 침묵으로 일관하거나 아이 앞에서 서로를 부정하지 말아야 한다. 부모 중 한 사람이 상대의 어조가 너무 폭력적이거나 너무 관용적이어서 적절하지 않다고 생각하더라도, "엄마/아빠 말대로 네 방에 가있어."라고 한목소리를 내어 아이가 상대의 지시를 따르게 해야 한다.

☑ 형제자매 간의 갈등에 적극적으로 개입해라. "중요한 얘기를 할 테니까 잘 들어봐. 우리 집에서는 지켜야 할 규칙들이 있어. 때리지 않기, 귀찮게 하거나 괴롭히지 않기, 가족 모두 서로를 존중하기, 가능하다면 서로 사랑하고 응원하기. 이 규칙은 절대 바뀌지 않을 거고, 이에 대해 왈가왈부해서도 안 돼. 가족들에게 친절하게 대하면 우리 모두 너를 친절히 대하도록 노력할 거야." 일상에서 아이가 공격성을 다뤄내는 좋은 방법을 아이에게 보여주어야 한다. "동생한테 뽀뽀해 줘. 그리고 선물 받아서 기뻐하는 모습을 보니 너도 기분이 좋다고 말해주렴.", "친구한테 잘했다고 축하해 줘.", "어떻게 하면 친구가 기뻐

할까?", "친구한테 가서 기분이 어떤지, 혹시 도움이 필요한지 물어봐.", "집에 손님 왔으니까 이것 좀 도와줄래?", "엄마한테 이걸 선물하는 건 어때?" 같은 말을 적극 활용하라.

청소년용 솔루션

# 11세부터 금지해야 하는
# 행동 예시들

☑ 대화 중 말 끊기, 지나치게 말을 많이 하기, 큰 소리로 말하기, 소리 지르기, 식탁이나 공공장소 등에서 시끄럽게 소리 내기

☑ 징징대기: 사소한 일에 짜증 내기, 모든 것에 불평하기, 불만을 표출하기, 패배를 인정하지 않기

☑ 부모나 형제자매, 또는 친구들에 대한 거친 말, 욕설, 도둑질, 폭력, 그뿐 아니라 부적절한 말투와 무시하는 태도를 보이고 무례한 과잉 행동을 일삼기, 부당한 비난으로 협박하기, 부모에게 원하는 것을 집요하게 요구(물건을 사달라고 떼쓰기)하거나 감정을 도구로 폭군처럼 행동하기, 과도하게 반응하기나 심한 감정 기복 표출, 예를 들어 "엄마 아빠는 날 사랑하지 않아."라며 자신을 피해자로 표현하기 등

☑ 가정 내 규칙과 지침을 지키지 않기 (정리하기, 통금 시간, 식사 시간, 취침 시간, 식사 메뉴, 미디어 시청 시간 등)

☑ 타인에 대한 존중과 배려 부족 (부모의 친구, 이웃, 교사 등)

☑ 지시를 따르지 않거나 시간을 끌며 뭉그적거리기

# 아이가 지시를
# 따르지 않는다면

☑ 어떤 상황에서도 아이가 어긴 규칙이 그 아이를 정의할 수 없다는 점을 기억하라. 태어날 때부터 '감당하기 어려운' 또는 '지시를 따르지 않는' 아이는 없다. 근본적으로 모두 얌전하고 '착한' 아이, 순하고 사회적으로 잘 적응하며 사람들이 좋아하는 아이가 되고 싶어 한다. 아이는 그저 '자기 일'을 하고, 자신의 성장에 필요한 한계를 부모가 설정해 주기를 바랄 뿐이다. 이는 보편적이고도 지극히 정상적인 발달 단계로, 좀 더 어린 시기에 이미 만들어졌어야 하는 과정이다. 이제 부모가 부모의 몫을 할 차례다. 이 과정을 거친 후 아이는 다음 단계로 넘어갈 것이다.

☑ 때리지 않는다. 폭력으로 위협하지 않는다. 소리 지르지 않는다. 아이의 공격성을 더욱 자극해 역효과를 낼 수 있기 때문이다. 아이에게는 통제력을 배우라고 요구하면서 부모가 아이 앞에서 통제력을 잃은 모습을 보여줘서는 안 된다. 지키지 못할 말을 '경솔하게' 내뱉지 않는다. 예를 들어 기숙학교 등록 또는 전자기기 1년간 압수 등의 말이 여기에 해당된다. 아이의 자기애를 다치게 하지 말라. "너를 정말 감당할 수가 없어, 너 때문에 너무 피곤해."와 같은 언행은 무의미하고 부당하다. 아이는 부모가 내어준 공간을 차지하거나, 부모의 충동적인 행동에 그저 반응할 뿐이다. 오히려 부모는 아이의 자존감이 형성되는 과정을 적극적으로 도와야 하는 사람이다.

☑ 이전에 엄마와 아이의 관계가 더 돈독하고, 친밀하고, 본능적이었다면 이 두 사람을 상대로 한 아빠의 개입은 이제 중요한 역할을 한다. 아빠는 규칙을 구현하고 아이를 상대로 권위를 세워야 한다. 아빠가 함께하지 못하면 엄마가 아빠의 자리를 상징적으로 대신할 수 있다. ("방금 한 행동에 대해서 나중에 아빠한테 얘기할 거야.")

☑ 그래도 아이가 지시를 따르지 않으면, 당장 고립된 공간에 혼자 둔다. 아이 방이나 다른 조용한 장소, 단 TV 같은 미디어 기기가 없는 공간이어야 한다. 만약 상황이 심각하다면, 미디어 시청 전면 금지나 지시를 어길 때마다 그에 상응하는 외출 금지를 고려할 수 있다. 아이에게 다음과 같이 단호하게 말하라. "네가 기분이 안 좋고 짜증 난다고 해서 우리한테 그 감정을 전가할 권리는 없어. 그만하고 불평하려거든 네 방에 가서 해.", "선생님께 무례하게 행동한 건 용서할 수가 없어. 앞으로 3일 동안 휴대폰 사용 금지야.", "내 지갑에서 돈 가져가는 거 금지라고 분명히 얘기했어. 도둑질은 아주 심각한 문제야. 방에 가서 오랫동안 반성할 거야. 그리고 이번 주말에 친구들과 나가는 것도 금지야."

☑ 아이에게 금지 사항을 반복해서 이야기할 필요가 없다는 것을 명심하라. 안타깝게도 정보를 숙지하는 것만으로는 아이가 얌전해지지 않는다. 아이는 좌절을 겪으면서 비로소 규칙을 받아들이게 된다.

☑ 훈육 과정에서 아이가 지시를 따르지 않을 때(방으로 가기를 거부하거나 시끄럽게 하기 등), 부모가 쓸 수 있는 유일한 방법은 방에 있

는 시간을 늘리는 것(과 미디어 시청이나 외출 금지)이다. ("그러면 방에 1시간 더 있어. 미디어 시청 금지 하루 더 추가야. 외출도 금지야.") 이 방법을 쓰면 강압적인 폭력의 악순환(때리기, 소리 지르기, 끊임없이 반복하기, 협박하기, 신경질 내기, 육아 피로에 시달리기)에 빠지는 것을 막을 수 있다. 이는 아이의 정신적·육체적 상태를 존중하면서도 효과적으로 훈육할 수 있는 방법이다.

☑ 왜 이렇게 해야 하는지 따져 물어도 협상이나 논쟁은 일체 허용해서는 안 된다. 아이가 부모의 태도를 비난하기 시작한다면 상황을 객관적으로 보고 단호하게 말한다. ("나중에 커서 부모가 되면 그때 네가 하고 싶은 대로 해. 지금은 내가 어른이야.", "네가 하고 싶은 건 일기장에 쓰거나 친구들과 공유해." 등) 훈육에 전혀 거부감 없는 체하며 순순히 방으로 들어가려고 해도("내 방에 있는 거 나는 너무 좋아.") 특별한 반응을 보이지 마라.

☑ 아이의 잘못된 행동에 대한 결과는 부모가 아닌 아이가 감당해야 한다는 사실을 기억해야 한다. 단호하고 확고부동하며 당당하고 침착한 자세를 취해라. 규칙을 어기면 아이는 그에 대한 대가를 치른다. 아이의 문제이고, 부모가 개인적으로 영향을 받을 이유는 전혀 없다.

☑ 필요하다면 훈육의 시점을 달리하는 방법을 사용하라. 산책을 하고 돌아와서, 다음 날 아침, 하교 후 저녁 시간 등을 고려할 수 있다. 그리고 의무적으로 훈육의 시간을 가져야 한다. 부모의 부재 시, 베이비시터나 조부모나 교사 등과 함께 있을 때 일어난 규칙 위반은 이



타임아웃 육아법

방법을 통해 반드시 훈육하도록 한다. 이렇게 함으로써 부모가 없을 때 일어난 일에 대해서도 아이는 부모에게 보고할 필요가 있음을 깨닫고, 부모가 자신의 충동성을 제어해 줄 수 있는 존재임을 느끼게 된다.

☑ 만약 시간과 장소의 제약으로 당장 아이를 훈육할 수 없는 상황이라면, 예를 들어 숙제 시간이나 목욕할 때나 운전 중 차 뒷좌석에서 아이의 흥분이 고조될 경우라면, 잘못된 행동으로 낭비되는 시간이 그만큼 훈육 시간에 추가될 것이라고 분명히 말한다. "소리 지르는 데 쓰는 시간 혹은 숙제를 안 하는 시간만큼 네가 방에 들어가 있는 시간은 늘어날 거야. 집에 도착하면 혹은 숙제를 끝내면 바로 벌을 받게 될 거야. 엄마가 너라면 빨리 말을 들을 것 같은데."라는 식으로 말하면 된다.

☑ 아이가 문제 행동을 할 때마다 훈육을 바로 다시 시작해야 한다. 문제가 몇 번이고 연속적으로 발생한다 해도 거침없는 태도를 유지하는 게 중요하다. 부모가 아이에게 이렇게 요구하는 것은 정당한 것으로, 이 훈육 방식은 아이가 사회생활에 필요한 도구를 마련하게 도와줄 것이다. 책과 장난감으로 가득한 아이 방으로 아이를 보내라. 그리고 모든 1세 이상의 형제자매에게는 똑같은 방식을 적용하는 게 좋다.

☑ 부모 간의 의견 일치는 전적으로 확실히 이루어져야 한다. 예컨대 상대방이 "엄마 말 들어!"라고 말하며 아이를 심하게 꾸짖을 때 침묵으

로 일관하거나 아이 앞에서 서로를 부정하지 말아야 한다. 부모 중 한 사람이 상대의 어조가 너무 폭력적이거나 너무 관용적이어서 적절하지 않다고 생각하더라도 "엄마/아빠 말대로 네 방에 가있어."라고 한목소리를 내어 아이가 상대의 지시를 따르게 해야 한다.

☑ 형제자매 간의 갈등에 적극적으로 개입해라. ("우리 집에서는 지켜야 할 규칙들이 있어. 괴롭히지 않기, 가족 모두 서로를 존중하기, 가능하다면 서로 사랑하고 서로 응원하기. 이 규칙은 절대 바뀌지 않을 거고, 이에 대해 왈가왈부해서도 안 돼. 가족들에게 친절하게 대하면 우리도 모두 너를 친절하게 대할 수 있도록 노력할 거야.") 일상에서 아이가 공격성을 어떻게 잘 다뤄낼 수 있는지를 아이에게 보여주어야 한다. ("동생한테 뽀뽀해 줘. 그리고 선물 받아서 기뻐하는 모습을 보니 너도 기분이 좋다고 말해주렴", "친구한테 잘했다고 축하해 줘.", "어떻게 하면 친구가 기뻐할까?", "친구한테 가서 기분이 어떤지, 혹시 도움이 필요한지 물어봐.", "집에 손님 왔으니까 이것 좀 도와줄래?", "엄마한테 이걸 선물하는 건 어때?" 등)

# 참고문헌


- Adda A., Psychologie des enfants très doués(Odile Jacob, 2018)

- American Psychiatric Association, DSM-V, Manuel diagnostique et statistique des troubles mentaux(Masson. 2015) (미국정신의학회 지음, 권준수 외 옮김, 『DSM-5-TR 정신질환의 진단 및 통계 편람』, 학지사, 2023)

- Anzieu D., *Le Moi-peau*(Dunod, 1995) (디디에 앙지외 지음, 권정아, 안석 옮김, 『피부자아』, 인간희극, 2008)

- Ben Soussan P., *Comment survivre à ses enfants ? Ce que la parentalité positive ne vous a pas dit*(Érès, 2019)

- Bergonnier-Dupuy G., "Famille(s) et scolarisation : Pratiques éducatives familiales et scolarisation", Revue française de pédagogie, (2015), 151, pp. 5-16.

- Brasseur S. et Grégoire J., "Les jeunes à haut potentiel sont-ils hyperémotifs ?", *Approche neuropsychologique des apprentissages chez l'enfant*, (2018), vol. 30, n. 152, 157.

- Buisson M., "La Fratrie, creuset de paradoxes", *Logiques sociales*, (L'Harmattan, 2003).

- Camdessus B., La Fratrie méconnue(ESF Éditeur, 1998)

- Chagnon J. et Cohen de Lara A., "Illustrations cliniques", *Les Pathologies de l'agir chez l'enfant*(Dunod, 2012)

- Champagne C., Pailhé A. et Anne Solaz, *Le temps domestique et parental des hommes et des femmes : quels facteurs d'évolutions en 25 ans?*(Économie et statistiques, 2015), n. 478, 479-480, 209.

- Chetrit M., *Éducation positive : une question d'équilibre ? Démêler le vrai du faux de la parentalité positive*(Solar, 2021).

- Commission des mille premiers jours, *Poser des limites à son enfant*(2021)

- Council of Europe, *Instruments juridiques relatifs à la politique familiale et aux droits de l'enfant*(2006)

- Coum D., *Éducation positive : fabriquer de l'obéissance ou de la subjectivité?*(Spirales, Érès, 2019), 3, n. 91, pp. 46-60.

- Dachez J., *Dans ta bulle*(Marabout, 2018).

- De Singly F., *Sociologie de la famille contemporaine*(Armand Colin, 2007).

- Eliacheff C., *L'Enfant-roi*(Odile Jacob, 1996).

- Everett G.-E., Stephen D. A., Olmi D.-J., "Time-out with Parents: A Descriptive Analysis of 30 Years of Research", *Education and treatment of children*(Springer Nature, 2010), 33(2), pp. 235-259.

- Filliozat I. et coll., *"A quand une éducation non-violente en France?"*(nouvelobs, 2022).

- Filliozat I., "Tout comprendre sur les émotions de l'enfant", *Le guide de l'enfant heureux*, hors-série, nov-déc(Le Point, 2017), pp.19-20.

- Franck N. et Omer H., *Accompagner les parents d'enfants tyranniques*(Dunod, 2017).

- Freud S., (1905), *Trois essais sur la théorie sexuelle*, (Gallimard, Folio, 1989). (지그문


 타임아웃 육아법

트 프로이트 지음, 박종대 옮김, 『성욕에 관한 세 편의 에세이』, 열린책들, 2020)

- Freud S., (1911), "Formulations sur les deux principes du cours des événements psychiques", *Névrose, psychose et perversion*, trans. J. Laplanche(PUF, 1973), pp. 135-143, OCF. P XI, pp. 12-21, GW 8, pp. 230-238, SE 12, pp. 213-226.

- Freud S., (1915), *Considérations actuelles sur la guerre et la mort*(Payot, 1968).

- Freud S. et Jones E., (1908-1939), *Correspondance complète*(PUF, 1998), p. 402.

- Gauvrit N. et Guez A., "Réussite scolaire et professionnelle des personnes à haut potentiel intellectuel", *Approche neuropsychologique des apprentissages chez l'enfant*(ANAE, 2018), vol. 30, n. 152-157.

- Goldman C., "Enfants surdoués: génie ou folie? Articulations théoriques et projectives", *Thèse de doctorat d'État en psychologie clinique et psychopathologie*(université Paris 5-Descartes, 2007a).

- Goldman C., "Le surinvestissement de la pensée chez l'enfant surdoué: trois études de cas", *La psychiatrie de l'enfant*(PUF, 2007b), n. 50, 2, pp. 527-570.

- Goldman C., *Soigner l'enfant surdoué?*(Le journal des psychologues, 2012).

- Goldman C., *Établir les limites éducatives: évaluation, diagnostic, action thérapeutique*(Dunod, 2018).

- Golse B., "Et le négatif dans tout ça?"(Spirales, Érès, 2019), 3, n. 91, pp. 104-109.

- Gloton R., *L'Autorité à la dérive*(Casterman, 1974).

- Gueguen C., *Pour une enfance heureuse: repenser l'éducation à la lumière des dernières découvertes sur le cerveau*(Poche, 2015).

- Gueguen C., "La violence éducative ordinaire", Les pros de la petite enfance(April 17, 2019).

- Guénolé F., Baleyte J.-M. et Speranza M., "La santé mentale des enfants et adolescents surdoués: synthèse des données quantitatives", Approche *neuropsychologique des apprentissages chez l'enfant*(ANAE, 2018), vol. 30, n. 152, 157.

- Halmos C., *Pourquoi l'amour ne suffit pas*, (Nil, 2006).

- Halmos C., "Les limites de l'éducation positive", L'Express(23 May, 2018).

- Illouz E. et Cabanas E., *Happycratie. Comment l'industrie du bonheur a pris le contrôle de nos vies*(Premier Parallèle, 2018). (에바 일루즈, 에드가르 카바나스 지음, 이세진 옮김, 『해피크라시』, 청미, 2021)

- Imbert F., *Enfants en souffrance, élèves en échec*(ESF Éditeur, 2004).

- Itard J., *Mémoire et rapport sur Victor de Laveyron*, in Malson Lucien (1964), Les Enfants sauvages, 10/18.

- Kammerer B., *L'éducation positive en question: ce qu'il faut savoir pour que les enfants soient heureux… et les parents aussi*(Larousse, 2019).

- Kermadec (de) M., *L'Enfant précoce aujourd'hui*, (Albin Michel, 2015).

- Kohn A., *Le Mythe de l'enfant gâté*, (L'instant présent, 2017).

- Labbé A., *L'éducation approximative ou comment appliquer l'éducation positive dans la vraie vie!*, (Marabout, 2019).

- Marcelli D. et coll., "La dérive de la parentalité "exclusivement" positive doit être dénoncée"(lefigaro, 2022).

- Marcelli D., *L'Enfant, chef de la famille. L'autorité de l'infantile*, (Albin Michel, 2003).

    타임아웃 육아법

- Marcelli D., *C'est en disant non qu'on s'affirme… ça reste à prouver*((Hachette Littératures, 2007).

- Miljkovitch R. et Poisson F., *Parenting: le parent aussi est une personne*(Odile Jacob, 2019).

- Naouri A., *Éduquer ses enfants*(Odile Jacob, 2008).

- Pain J., *La société commence à l'école*(Matrice, 2002).

- Pellissier J., *La fabrique des surdoués. Dangers et impostures du marché de l'intelligence*(Dunod, 2021).

- Pleux D., *De l'enfant roi à l'enfant tyran*, (Odile Jacob, 2006).

- Ramus F. et Gauvrit N., "La légende noire des surdoués", *La Recherche*(March, 2017), 521.

- Ramus F., "Les surdoués ont-ils un cerveau qualitativement différent?", *Approche neuropsychologique des apprentissages chez l'enfant*(ANAE, 2018), vol. 30, n. 152-157.

- Revol O., Poulin R., Perrodin D., *100 idées pour accompagner les enfants à haut potentiel*(Tom Pousse, 2015).

- Ridley M. (2010), The rational optimist, how prosperity evolves, Harper Perennial. (매트 리들리 지음, 조현욱 옮김, 『이성적 낙관주의자』, 김영사, 2010)

- Roach A.-C., Lechowicz M., Mendoza Diaz A., Hawes D., Dadds M., "Using Time-out for Child Conduct Problems in the Context of Trauma and Adversity: a Nonrandomized Controlled Trial"(JAMA Network Open, 2022), 5(9).

- Rufo M. et Duverger P., *Qui commande ici? Conseils aux parents victimes d'enfants tyrans*(Anne Carrière, 2018).

- Scelles R. et Arènes J., *Frères et sœurs: complices et rivaux*(Fleurus, 2003).

- Siaud-Facchin J., *L'Enfant surdoué: l'aider à grandir, l'aider à réussir*(Odile Jacob, 2008), 2012(정미애 옮김,《영재의 심리학》, 와이겔리, 2018).

- Siaud-Facchin J. et Revol O., "La précocité intellectuelle, un handicap?(Sciences humaines, April, 2017).

- Skolnick Weisberg D. et al, "The seductive allure of neuroscience explications", *Journal of cognitive neuroscience*(MIT Press, 2008), vol. 20, n. 3, pp. 470-477.

- Stanilewicz C. et Sebire G., *Avec lui c'est compliqué! Vivre avec un enfant précoce, l'aider à grandir et réussir*(Eyrolles, 2018).

- Vidal C., "Vers une neuro-société: tout peut-il s'expliquer par l'imagerie cérébrale?"(The conversation, April, 2018).

- Vieille-Grosjean H., "École et famille : vers une éducation partagée?", *La Revue internationale de l'éducation familiale*(CREF, 2011), 2, n. 30, pp. 119-140.

- Winnicott D., "Concepts actuels du développement de l'adolescent: leurs conséquences quant à l'éducation", *Jeu et réalité*(Gallimard, 1968).

# 타임아웃 육아법

스스로 통제할 줄 아는 아이로 키우는 자녀교육 솔루션

발행일    2026년 2월 27일 초판 1쇄

지은이    카롤린 골드만
옮긴이    권진희
편집      박성열, 신수빈
디자인    박은정
인쇄      재원프린팅
제본      라정문화사

발행인    박성열
발행처    도서출판 사이드웨이
출판등록   2017년 4월 4일 제406-2017-000041호
주소      서울시 영등포구 선유로 114, 양평자이비즈타워 705호
전화      031)935-4027   팩스 031)935-4028
이메일    sideway.books@gmail.com

ISBN     979-11-91998-61-0   13590

- 잘못 만들어진 책은 구입처에서 바꾸어 드립니다.
- 이 책의 전부 또는 일부 내용을 재사용하려면 사전에 도서출판 사이드웨이의 동의를 받아야 합니다.